基于地域特色的乡村景观色彩规划研究

付潇　著

中国纺织出版社有限公司

内 容 提 要

本书首先从乡村景观色彩规划研究的时代背景和相关理论出发，在准确把握研究对象的基础上，进一步阐述研究内容、研究意义、研究方法，以及色彩相关理论和核心概念等内容。其次，本书针对乡村色彩的基本内容，以及乡村景观色彩的影响因素进行全面分析，从而确保乡村色彩的功能、乡村色彩的性质、影响乡村色彩形成的自然因素，以及影响乡村景观色彩形成的人文因素能够得以高度明确。最后，对乡村景观色彩规划的流程、评价和实践成果作出系统性分析，在此基础上将全书的研究成果进行全面总结，让具有地域特色的乡村景观色彩规划路径从中得益呈现。本书以理论研究为基础，力求针对乡村景观色彩规划进行全方位和立体化的研究，具有较强的应用价值，可供从事相关工作的人员作为参考用书使用。

图书在版编目（CIP）数据

基于地域特色的乡村景观色彩规划研究 / 付潇著
. -- 北京 : 中国纺织出版社有限公司，2022.12
ISBN 978-7-5229-0197-8

Ⅰ. ①基… Ⅱ. ①付… Ⅲ. ①乡村规划 — 景观规划 — 景观设计 — 研究 Ⅳ. ① TU983

中国版本图书馆 CIP 数据核字（2022）第 254515 号

责任编辑：闫 星　　责任校对：高 涵　　责任印制：储志伟

中国纺织出版社有限公司出版发行
地址：北京市朝阳区百子湾东里 A407 号楼　邮政编码：100124
销售电话：010—67004422　传真：010—87155801
http://www.c-textilep.com
中国纺织出版社天猫旗舰店
官方微博 http://weibo.com/2119887771
河北延风印务有限公司印刷　各地新华书店经销
2022 年 12 月第 1 版第 1 次印刷
开本：710 × 1000　1/16　印张：13.5
字数：200 千字　定价：89.90 元

前 言

中国的文化是典型的农耕文明传承，数千年耕读传家的历史孕育了伫立于世界文明之林的中华文化。新时代的中国乡村，在“乡村振兴”政策的导向下，其规划和管制必须发挥好自身独有的特色与功能，保护逐渐退化的乡土记忆，继承与创新逐渐消失的乡村特色，需要运用科学的量化手段和管制体系，合理创新、优化配置，充分挖掘文化特色，避免农村城市化和商业化，铸牢中国乡村文化共同体意识。

色彩在乡村规划中起着非常重要的作用。一方面，色彩直接作用于人的视觉神经，所产生的影响力更容易引起人们的关注，从而成为影响感官的重要因素，同时色彩能直接或间接地反映一个国家或地区的社会体制、经济结构、历史文化和自然生态等诸多方面的重要特质。另一方面，中华文明在传承发展过程中，有着独属于中国人的审美体系，蕴藏着卓越的哲学智慧，可以看到的色彩现象与构成这些现象背后的色彩观念互为表里，构成蕴含中国传统文化基因的中国色彩体系。乡村色彩是乡村形式、乡村形象和乡村人居环境的重要组成部分，是展现乡村面貌、体现乡村个性、提升乡村品牌竞争力的重要因素。从新农村建设到美丽乡村，再到全面推进实施乡村振兴战略，以及新型乡村文化旅游业态的发展，在村庄规划设计中纳入乡村色彩规划和管理显得尤为必要。因此，随着中国社会经济的发展，色彩规划作为乡村建设的关键之一，需要在乡村规划与景观设计中着重研究。

乡村景观设计的色彩规划，要从整体风貌来思考，既守正又创新，既要提升乡村整体的景观美感，又要保护传承好乡村独特的物质和非物质文化遗产、民俗文化风情等，在延续乡村传统文脉的同时，又使乡村富于时代精神，让乡土承载住乡愁。同时，随着科学技术的进步，数字技术和计算机辅助技术为建筑与环境色彩规划设计提供了定性定量的科学研究手段，这将为乡村景观色彩体系的建设提供良好的研究基础。

作者

2022年11月

目 录

第一章　绪论

乡村高质量发展是实现中华民族伟大复兴的基本前提，故而中国全面深化落实乡村振兴战略，并不断加快美丽乡村建设的脚步，确保乡村居民不仅能够在物质层面得到充分满足，更能在精神层面获得更多的满足。在这一时代背景下，乡村景观色彩规划研究工作也随之受到广大学者的高度关注。基于此，笔者立足于地域特色，结合现有的研究成果，对乡村景观色彩规划的系统性过程进行深入研究与探索。在此期间，高度明确研究背景、研究对象、研究内容、研究目的、研究意义、研究方法、乡村景观色彩规划步骤等为前期准备工作，本章就以此为立足点加以全面论述。

第一节　研究背景

面对中国乡村振兴战略的深化落实和美丽乡村建设的步伐不断加快，高质量发展已经成为新时代乡村建设与发展的基本目标。其间，高质量显然不仅体现在经济发展层面，更体现在乡村整体精神面貌上，而乡村景观色彩规划正是体现新时代乡村整体精神面貌极为理想的途径，因此，基于地域特色的乡村景观色彩规划研究，自然在这一时代背景之下应运而生。

一、乡村振兴的宏大图景

在《辞源》中，乡村是指从事农业生产，人口分布相较于城镇地区较为分散的地区[❶]。英国学者给出的定义是“乡村通常是以农业生产为主，经济上相对独立的、具有特定社会经济形态以及自然景观特点的地区综合体[❷]”。乡村是中国农业经济及传统文化的发源地和主要载体，是中国人的情感寄托，中国自古认为“农为国本”，农业丰则基础强，农民富则国家盛，农村稳则社会安。费孝通在《乡土中国》中，把农民与乡村、土地、家庭、亲邻等形成的关系总和称为乡土社会[❸]，“乡”就是乡村、村落，“土”就是泥土、土地。古往今来的中国人对“乡土”总是怀有十分深厚的情感，在中国长久的历史积淀中，“乡土”成为一种文化符号，被赋予“落叶归根”“家国天下”等象征意味。

中国从根本上讲是一个“农业大国”，但还不是一个“农业强国”。根据《中国农村发展报告（2021）》[❹]，预测到2035年中国农业科技进步贡献率将达到70%以上，城乡居民收入倍差缩小至1.8，中国农民的获得感、幸福感将更强，中国国民经济和社会发展将基本实现以“农业强、农村美、农民富”为特征的农业农村现代化。

2005年10月，中国共产党第十六届五中全会首次提出“美丽乡村”这一概念，要求全国上下各级政府应更多关注“三农”（农业、农村、农民）发展，构建宜居的乡村环境。2012年11月，在党的十八大报告中“美丽中国”首次作为执政理念出现[❺]。自此，每年的“中央一号文件”都会提出有关实施乡村建设行动，开展美丽宜居村庄建设的相关政府措施或目标、意见（表1-1）。2017年，党的十九大报告提出中国政府将实施“乡村振兴战略”，包括乡村的产业、生态、文化、人才、社会治理等全方位的振兴。2021年2月，国务院正式成立国家乡村振兴局，审议通过了首部《中华人民共和国乡村振兴促进法》，并在其中明确提出将加强乡村

---

❶ 何九盈，王宁，董琨．辞源[M]. 2版．北京：商务印书馆，2015.

❷ 霍华德．明日的田园城市[M]. 金经元，译．北京：商务印书馆，2002.

❸ 费孝通．乡土中国[M]. 上海：上海人民出版社，2006.

❹ 魏后凯，杜志雄．中国农村发展报告（2021）：面向2035年的农业农村现代化[M]. 北京：中国社会科学出版社，2021：28-32.

❺ 曾宪植．十八大报告中的五个“关键词”[EB/OL]. 2012-11-20[2022-10-03].

生态保护和环境治理，绿化美化乡村环境，建设“美丽乡村”。这一系列的举措，足以看出中国政府对新发展形势下提升农村生活质量、振兴乡村经济等方面的迫切性。政府的发展政策使农村景观发生了复杂的变化，从景观整体结构和系统的宏观变化，到每个景观元素的形状、材料、大小和颜色等微观变化。

表1-1　历年中央一号文件概要

年份	文件名称	要点
2013	《关于加快发展现代农业进一步增强农村发展活力的若干意见》	加强农村生态建设、环境保护和综合整治，努力建设美丽乡村
2014	《关于全面深化农村改革加快推进农业现代化的若干意见》	加快编制村庄规划，以治理垃圾、污水为重点，改善村庄人居环境
2015	《关于加大改革创新力度加快农业现代化建设的若干意见》	中国要美，农村必须美，强化规划的科学性和约束力
2016	《关于落实发展新理念加快农业现代化实现全面小康目标的若干意见》	科学编制县域乡村建设规划和村庄规划，鼓励各地因地制宜探索各具特色的美丽宜居乡村建设模式
2017	《关于深入推进农业供给侧结构性改革加快培育农业农村发展新动能的若干意见》	深入开展农村人居环境治理和美丽宜居乡村建设
2018	《关于实施乡村振兴战略的意见》	实施农村人居环境整治三年行动计划
2019	《关于做好2019年农业农村工作的实施意见》	以县为单位做好村庄布局规划制定或修编工作，实现规划管理全覆盖
2020	《关于抓好“三农”领域重点工作确保如期实现全面小康的意见》	推进“美丽家园”建设，扎实搞好农村人居环境整治
2021	《关于全面推进乡村振兴加快农业农村现代化的意见》	乡村建设行动全面启动，实施农村人居环境整治提升五年行动
2022	《关于做好2022年全面推进乡村振兴重点工作的意见》	启动乡村建设行动实施方案，加快推进有条件有需求的村庄编制村庄规划

二、色彩管控的直观性

“色”是光线通过人们的眼睛、大脑和日常生活经验接受时产生的一种视觉效果[1]。色彩直接作用于人的视觉神经，所产生的影响力更容易

[1] WANG J, ZHANG L, GOU A. Study of the color characteristics of residential buildings in Shanghai[J]. Color Research & Application, 2021, 46 (1): 240-257.

引起人们的关注，从而成为影响感官的重要因素，“人们在观察物体时，最初的20秒中，色彩感觉占80%，形态感觉占20%；2分钟后，色彩占60%，形态占40%；5分钟后，两者各占一半”[1]。色彩与形状不在一个秩序等级上，它属于更高级别，它是整体的，不是局部的，它不是从属于形状的一个要素。

同时，色彩能直接或间接地反映一个国家或地区的社会体制、经济结构、历史文化和自然生态等诸多方面的重要特质[2]。芒福德在谈到中世纪城市的样板时说：“红色的锡耶纳，黑与白的热那亚，灰色的巴黎，五彩缤纷的佛罗伦萨，金色的威尼斯等。”[3]可见，建筑师、城市规划师都非常重视对一个城市的整体印象，并经常用色彩来表述。色彩规划是乡村景观规划中的一个重要内容，特别是在中景以上的距离远眺时，色彩会对景观的整体形象产生很大影响，因此作为乡村视觉景观资源，色彩规划成为乡村景观规划的重要因素[4]。目前，中国部分地区在乡村建设中，由于缺乏合理的建筑、景观和色彩规划方案，导致乡村各种民居、建筑、道路、基础设施等随意建设，人工景观色彩与周边的人文遗存、自然资源不协调的局面。

在这样的背景下，采取整体规划改造对于数量庞大的乡村来说成本高，且实施难度大。相较而言，进行乡村的整体色彩优化成为成本较低、见效比较快的一种景观优化方法。此外，中国大多数乡村景观中，自然景观元素占比较大，若使人工景观与自然景观元素达到和谐统一，色彩是最好的管控手法之一。乡村色彩构成的载体是客观存在的景观要素，这些要素的组织搭配，构成了乡村景观环境的整体效果。在乡村景观中用好每一种要素的色彩，构成令人感动和喜爱的景观色彩效果的同时，体现出人文精神和审美感受，是一个极其复杂的设计环节。与城市相比，乡村有其独特的文化内涵和特色，原生环境与建筑形式相对统一，更容易形成视觉统一、特色鲜明的色彩环境，在指导未来其他地区乡村的色

---

[1] 马帅，贺运政．色彩在人机工程学中的应用分析 [J]. 科技信息，2009 (24)：70.

[2] 徐红普，任猜．西安城市色彩体系规划与教学研究 [J]. 中圈教育学，2015 (1)：80-81.

[3] 芒福德．城市发展史：起源、演变和前景 [M]. 宋俊岭，倪文彦，译．北京：中国建筑工业出版社，2004：34-40.

[4] 饶振毓．乡村色彩景观规划研究——以湖北省东西湖区马投潭村规划为例 [D]. 武汉：华中科技大学，2016：7-8.

彩优化与控制等方面，也更具可行性和可操作性。

三、乡村景观色彩规划存在的问题

景观在很大程度上是一种文化建构，存在于人类在考虑到其自然组成部分的情况下，所构想的或在一定程度上“规划”的状态。然而，目前应用于景观资源规划和管理的战略和行动，以及支持景观规划的科学文献都表明，需要做更多的工作[1]。色彩规划是以对环境产生有效变化为目的的规定、行动计划，即通过理解环境色彩的意义、重要性及其背景，首先设定环境色彩计划的对象和目的，强化人类与环境的关系性[2]。在环境色彩计划中，很重要的是创造出与地区历史和文化、风景、地区居民的情绪相协调的颜色[3]。如何在尊重场地环境生态、空间、功能、文化的前提下，使景观色彩规划设计聚焦于景观要素色彩合理配置，创造出和当地历史文化、人文、地区居民的情绪相协调的颜色，既是景观色彩规划研究的目标，也体现了景观规划学科研究的严谨性和自律性。

（一）意识滞后

伴随中国国民经济和社会的飞速发展，众多靠近城市的乡村正在经历着快速城镇化的社会发展过程。各地在推进美丽乡村建设的过程中，不免面临如何既保持传统文化精神风貌，又更新提升乡镇居民生产、生活品质的实践难题。建筑之始，产生于实际需要，伴随历史的进程在不同的文化背景下，形成不同的建筑风格，这一情况在多民族的中国乡村尤为突出。但随着各种现代建筑材料的发展，城乡文化的交融，使得中国现代村落建设大多千篇一律：一是缺乏色彩表现；二是色彩的盲目使用，缺乏区域化规划的特征。农村建设大多使用相同的模式和套路，盲目

❶ AGNOLETTI M. Rural landscape, nature conservation and culture：Some notes on research trends and management approaches from a (southern) European perspective[J]. Landscape and Urban Planning, 2014 (126): 66-73.

❷ 서명회 . 색채의 환경적 기능과 도시경관효과 향상을 위한 조화방법 연구 [D]. 이화여자대학원 대학원 석사학위논문, 2001: 45.

❸ 김윤희이명희 . 지역경관아이티티형성을위한환경색채개선에관한연구: 농촌지역건축물외장색채개선사례를중심으로 [J]. 디자인학연구, 2009, 22 (4): 109-121.

跟风，使得部分美丽乡村建设毫无特色。乡镇政府工作人员与规划设计人员不了解乡村文化背景，片面地追求景观色彩的外在视觉美感，不考虑本土化的文化内涵、生活习惯及自然与人文的传统色彩体系，致使许多乡村景观特有的生态的、文化的、视觉艺术的美学价值正在丢失。传统中国乡土文化的流失与野蛮生长的模仿式、随意式乡村建设，已经成为与水污染等同的环境问题，成为景观环境色彩研究领域的显著问题[❶]。

（二）标准缺乏

色彩规划是从理想、提高、改善等观念出发，通过综合规划，实现进步的社会性想法[❷]。长期以来，我国的景观色彩规划设计，只关注方案图纸层面的色彩效果，缺少对客观环境真实色彩效果的分析与管理。色彩能直接或间接地反映出该地区在政治、经济、文化、生态等各方面的独特性。当地域性的文化符号逐渐消失后，地域特殊性逐渐弱化，地域特色逐渐平淡，物质文化遗产和非物质文化遗产的光彩逐渐淡去，各地乡村文化变得大同小异。而现在只以视觉景观为对象的色彩管理计划，由于对地区居民的考虑不足，对对象地固有特性的把握不足[❸]，这可能导致不能反映地区在地化的统一色彩选定。虽然，近年来我国提出了一些关于景观色彩管理的各种指导文件，但大部分以城市为对象，针对农村制订的客观、正规化的色彩管理方法尚未确立。因此，农村大多根据主观判断设定方向并选定色彩。

（三）研究匮乏

在对国内外景观色彩管理事例进行了解后发现，国内外的色彩理论研究更多地以城市为研究对象，对乡村的关注极少。国外大部分倾向于

---

❶ 이보영. 시각정보체계로서의 도시환경색채 기능과 자연색체계（NCS）적 접근방법에 의한 경관의 질적 수준제고 방안에 관한 연구 [D]. 서울： 이화여자대학교 대학원석사학위논문，1996：27-29.

❷ 서명회. 색채의 환경적 기능과 도시경관효과 향상을 위한 조화방법 연구 [D]. 서울： 이화여자대학원 대학원 석사학위논문，2001：45.

❸ 김진진. 경관색채 가이드라인의 문제점과 개선방향 연구 [D]. 서울： 홍익대학교 대학원시각디자인과 석사학위논문，2009.

使用与自然环境色彩相协调的色彩。从韩国、日本、法国等国家的情况来看，相关色彩体系的研究与建设主要在城市地区实施，农村地区则较为缺乏。因此，为更好地指导和帮助国内乡村景观体系的建设，需要进一步加强对乡村色彩方面的理论研究和方法性指导。

第二节　研究对象和内容

明确研究对象和研究内容显然是研究工作有效开展的前提条件，也是研究成果充分体现其作用与价值的关键因素。对此，在开展乡村景观色彩规划研究的过程中，笔者将确定研究对象和内容视为一项重要的前期准备工作，具体情况如下：

一、研究对象

本书选择乡村景观色彩作为研究对象，包含了乡村物质环境通过人的视觉所反映出的总体的色彩风貌[1]。乡村景观色彩不是简单的色彩要素叠加，乡村色彩规划更加强调以人的视角所感知的周围环境的总体色彩风貌。乡村景观色彩所关注的对象，不是微观的单一要素，而是乡村的整体物理环境的视觉感受，其目的在于提出规范性、制约性、指导性的乡村色彩运用原则与建议，而不具体关涉到某单一要素的色彩规划。乡村整体的人工色彩作为景观色彩中相对固定的要素，所占比重最大，是影响乡村景观色彩的决定性因素。因此，人工色彩将是本书研究的重点，包括乡村空间中的建筑物色彩、构造物色彩、路面铺装色彩等固定性色彩，以及广告标示物色彩、城市绿化、街头小品色彩等非恒定性色彩。天空、大地、水体等自然因素，作为背景色进行色彩采样，而交通工具、行人服饰等难以控制的色彩变量不属于本书的研究范围。当下，在颜色科学领域，人们借助色彩空间模型的定义，实现了在物质光谱（L^*a^*b）、视觉刺激值（RGB）、色彩感知效果（HSV/HSB）等不同研究对象层面的色彩定性定量描述，人类已经掌握了色彩在不同研究领域的数字化技术和方法。

---

[1] 聂东方，陈玮，李晓菲．关于总体城市色彩景观规划体系的探讨[J]．城市规划学刊，2009（7）：66-69.

本书研究的实证案例对象沙海村，位于山东省菏泽市经济技术开发区陈集镇，该村占地面积0.75平方千米，为回民聚居区，是该市经济强村之一。笔者基于探求乡村景观色彩的规划管理方法，以影响色彩规划的村庄格局、气候条件、地形地貌、历史沿革、传统文化、生活习俗等各种影响要素、色彩景观现状、村民的色彩景观的感知意向与实际案例做法为参考，制订详细的调研计划，深入分析案例相关的色彩理论知识，并与色彩规划调研问卷相结合，形成了较为全面、客观的分析和评价。

二、研究内容

（一）问题梳理

问题一：国内现有的色彩研究大多是针对城市色彩方面的，针对乡村色彩的研究基本都是针对建筑或者古村落的研究，对于传统居住村落的研究基本空白。

问题二：乡村色彩规划最有价值和意义的是人为色彩与自然色彩的交融一体。因此，笔者希望能通过对乡村色彩的分析与色彩体系的构建，将乡村最有价值的地域性文化印记保护、传承下来，将乡村的生态系统、人文系统很好地延续下去。

问题三：乡村景观色彩的地域性色彩采集，采集之后的量化控制，色彩选定后的规划管理，一系列的工作与城市色彩规划有所不同，成本的控制、操作方法的便捷性、管控方法的可行性，一直是乡村规划工作中的空白，需要探索有效可行的实施方法。

（二）全书内容

本书以乡村景观色彩研究为题，借助沙海村的景观环境色彩构成效果案例，深入探索乡村景观的地域特色及形成影响因素，同时对色彩量化数据和数字化分析技术进行了阐述，探讨了一种基于客观定量采集、分析来指导景观环境色彩构成效果评价与设计的实验路径，期望为景观规划设计师提供一种“有据可依，有章可循”的环境色彩规划设计理论与方法，使景观色彩构成效果更趋合理。

（1）乡村景观规划在“乡村振兴”的大背景下飞速进展，但随之而来的是研究理论和方法的相对滞后，尤其是景观色彩规划设计行业，在我国起步与发展不过20年的光景。本书第一章和第二章首先明确了整体的研究方向和内容，然后对乡村景观色彩构成相关理论、地域学相关理论，以及色彩学在设计相关领域应用发展状况，进行了系统的研究综述，并且对研究领域的先行研究、相关规范、色彩规划案例进行了阐述。

（2）本书以实际项目操作的方式进行乡村景观色彩方法的研究，选定沙海村为研究对象。第三章主要针对色彩的内容进行详细阐述。其中主要包括色彩的功能与色彩的性质，确保乡村景观色彩规划的功能性和作用能够得到充分体现。

（3）第四章针对影响乡村色彩的主要因素进行了分析，其中既包括自然因素，也包括人文因素，为本书明确乡村景观色彩规划的具体方向和注意事项提供了有力保证。

（4）第五章主要针对乡村景观色彩规划的全过程进行系统性阐述，其中包括乡村色彩规划的基本原则、乡村景观色彩的规划措施、乡村景观色彩规划的流程三个方面，力求乡村景观色彩规划的全过程保持高度具体性和完整性。

（5）第六章主要针对乡村景观规划的评价与管理进行全方位论述，确保乡村景观规划的保障性条件更加充足，并且能够为其实践策略的优化提供强有力的依据。

（6）第七章主要针对沙海村的景观规划与设计的色彩需求，结合鲁西南地区的乡村景观规划实践情况，根据采集的资料和数据分析，以及公众意向色彩问卷调查，提取了沙海村的规划色谱，并制订了色彩规范，最终形成对沙海村景观色彩的优化策略。

（7）第八章是本书的总结部分，对研究结果、研究方法、研究意义及研究局限性进行分析，并提出了研究的不足，以及今后的研究方向和需要进一步完善的研究内容。

第三节　研究目的和意义

明确研究目的和研究意义，显然是对研究的最终目标以及研究成果的明确定位，故此也是研究活动全面开展必不可少的工作内容。对此，笔者在进行基于地域特色的乡村景观色彩规划研究中，将其研究目的和研究意义予以高度明确，具体如下：

一、研究目的

（一）建立沙海村景观色彩体系

关于乡村景观色彩规划方面，相关部门没有具体措施和文件，色彩指导意义含糊，操作性弱，导致其在发展过程中没有过多的规划与制约，发展至今难免会存在色彩乱象问题。第一个问题，乡村环境需要整体提升，对现有状态下的色彩问题进行整治，防止在未来发展中出现色彩失控的现象；第二个问题，越来越多的趋同化表现，地域特色丢失，成为不可忽视的问题，也是乡村色彩规划的难点之一。面对这两个问题，首要因素是为沙海村归纳出地域性色彩，建立本地建筑材料色彩库。

（二）建立整体的色彩规划方法

在国内已有的色彩规划案例中，基本上是以城市色彩规划为主体，以建筑材料色彩为主要研究对象，或是以传统建筑和古迹建筑为采样对象。本书以沙海村色彩的采集与规划设计作为案例，尝试建立整体性色彩规划的观念与方法，将色彩作为一个整体考虑，不是就色彩论色彩，而是从色彩的内在形成论色彩，深入生活的每一个视觉元素，将色彩规划深入到细节，建立整体的色彩规划方法。

（三）探索地域色彩调研方法

色彩调研成果及建立的色彩库是地域文化的宝贵资源，如沙海村的自然因素、人文因素、历史因素，都能在色彩调研中找到相应的信息。但是如何在繁杂的显性色彩信息和隐性色彩信息中找到色彩的内在骨架，需要借助多领域的研究方法。本书将通过 NCD 色彩体系的色相与色调体系，分析这些显性的色彩信息色彩规律，以科学的手段进行色彩量化分析，通过使用色卡、测色仪、数码相机等设备进行数据采集，探索更适合使用和推广的色彩采集方式。此外，如地方传统色料工艺对色彩的影响、宗教信仰中色彩的暗示意义等，需要通过色彩民俗学、色彩材料学、色彩心理学等研究方法挖掘得到，进行跨学科的尝试。

二、研究意义

（一）理论层面

本书将以乡村景观色彩为主要研究对象，在城市色彩和色彩量化现有的研究基础之上，开辟出适应乡村环境的色彩规划体系，制订出研究路线，为以后的村落色彩规划提供参考，从而更好地掌握色彩规划设计的方向。

（二）实践层面

本书从乡村状况和色彩表现入手，针对沙海村色彩进行研究，对沙海村进行大量景观色彩构成的数据提取，分析出景观色彩效果对应的色彩构成艺术特征和人文精神内涵，对色彩构成的效果进行科学判定，有利于增强相关地区村落色彩规划工作的规范化和完整度，为美丽乡村的建设助力。并且为周边地区乡村的整体研究、定位、规划设计和色彩形象改造等实际项目，提供较大参考价值。

第四节　研究方法

一、文献研究法

通过网络及图书馆资料，本书创作过程中查询书籍 41 册、论文及期刊共 143 篇，其中包括色彩基本理论、色彩民俗学、色彩地理学、城市建筑色彩景观设计、人类学研究，还查询了大量沙海村所处地域的地方文献，以及沙海村气象、地理、土壤、植被等地方统计数据，分别形成研究成果资料数据库、基础数据库、理论支持数据库，为后续科研提供理论和数据支持。

二、实地调查法

实地调查既是色彩规划研究中最为重要的环节之一，也是形成色彩体系的基础内容。选定菏泽地区具有典型色彩地域特征的沙海村进行实地调研，使用光谱检测设备和拍摄校色设备，在特定条件下，对景观环境色彩要素和色彩效果的数字化图像进行采集，针对环境色彩构成效果进行定时和定点的观测研究，在收集色彩量化数据的基础上，分析研究景观色彩构成效果的设计规律和表达特征。

三、实例研究法

将优秀的景观色彩研究案例作为景观色彩分析的实例研究对象，提炼概括出乡村景观色彩构成中要素色彩、空间建构、主题表达的共性规律，通过自身参与的山东地区乡村色彩规划设计实践项目，对乡村景观色彩规划的理论和方法进行例证和检验，实现理论体系研究到工程实践研究的检验。

四、定量分析法

使用计量模型进行色彩定量描述的基础上，针对乡村景观色彩构成效果纷繁复杂的现象特征，通过光谱测色设备，以及构建数据库来实现乡村景观色彩的物理量化，并结合实地调研的色彩数据，使用校色设备，以及计算机软硬件辅助实现色彩的视觉量化。将调研过程中采集的色彩样本，通过 Photoshop 等软件的辅助导入，并按照色彩谱系，将色彩样本进行系统排列，同时与计算机专业的相关学者合作，编写出基于 RGB 色彩系统的数字空间模型，利用计算机手段对上述方案进行数值计算和效果模拟，并在可能的条件下进行乡村景观色彩景观规划示范工程的实施。

五、问卷调研法

公众意向色彩是乡村景观色彩进行色彩优化的重要依据，根据乡村景观色彩规划中的关键要点，以及本书研究的实证案例对象“沙海村色彩规划”的实际需求，通过设计调研问卷，运用 NCD 色彩分析体系，就该村的色彩现实情况、主调色彩征集及重点规划区域调研等，针对相关人员进行色彩喜好与色感现状的问卷调查，实现理论体系研究与受众群体的反馈调研相结合，以得出有一定说服力的结论。

第五节　乡村景观色彩规划步骤

本书依据乡村规划的实际情况，结合众多相关的实践研究，根据国际色彩研究机构在色彩方面所采用的工作方法，总结出本次研究的具体方法和步骤。为了避免因忽视地域特色和公众偏好而得到雷同的研究结论，此次研究通过实地调研对色彩特征进行量化分析，并且与色彩感知定性评价相结合，以确保对村落的色彩景观进行较为全面、客观的分析和评价，现将本次研究开展的主要步骤进行总结。

一、村庄现状调研

先对影响地域色彩的自然环境色彩和历史人文环境色彩进行调研分析。自然环境色彩的研究对象是乡村的气候气象、地质地形、景观绿植等方面的情况。历史人文色彩研究的主要对象是乡村宗教信仰、民族构成、民俗风情、传统色彩符号。然后对乡村人工景观色彩进行调研，从聚落环境色彩、街道色彩、建筑单体色彩、基础设施色彩四个方面进行。

二、归纳初级色谱

在色彩学理论的基础上，结合对于自然色彩、历史人文色彩和人工景观色彩的调研，对调查对象的色彩总结分析，得出地域性色彩的规律和现有色彩分析数据。通过上述调研结果，归纳出初级色谱。

三、公众意向色彩调研

根据调研经验制作沙海村色彩调查问卷信息表，通过问卷调研和走访访谈的形式，对乡村居民和相关管理人员进行随机调查，综合归纳出其对乡村景观色彩现状的态度、居民普遍喜好的色彩等信息，为之后的色谱归纳提供数据支持。

四、确定推荐色谱

在现状色彩调研、问卷调查取样等基础上，结合量化色彩数据，总结出乡村的推荐色谱，为后续的色彩规划提供科学合理的色彩库。

五、乡村色彩优化建议

沙海村色彩总谱确立后，将对该区域色彩规划设计起到指导作用。对建筑外观（新居民区、老居民区）色彩、商业街道色彩、铺地色彩、公共设施色彩四个方面建立色彩规范，最后制作乡村色彩总体规划概念方案，具体流程如图 1-1 所示。

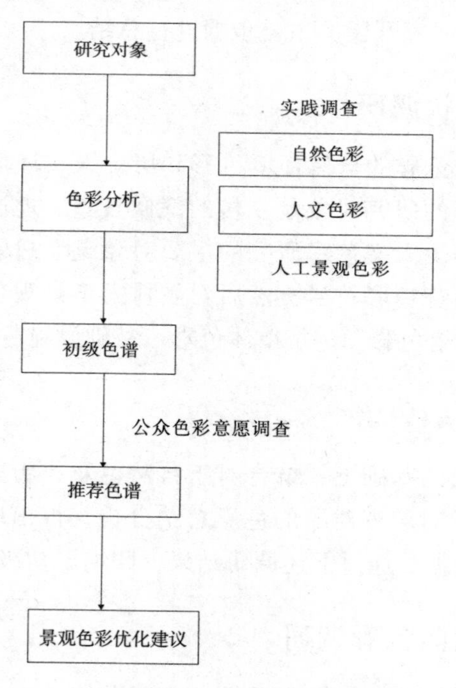

图 1-1　乡村色彩规划实施步骤总览

第二章 乡村色彩的基本概念、历史缘起和发展

乡村，中华民族五千余年文明的孕育空间，优秀传统文化和传统艺术皆出于此，所以随着时代发展步伐的不断加快，美丽乡村建设已经成为中国共产党和中国人民新时代的奋斗目标。乡村色彩不仅是中华民族优秀传统文化的表达方式，更是民族艺术独有的呈现形式，故而探索乡村色彩自然能够成就中华优秀传统文化的传承、弘扬、发展，并且打造出极为理想的乡村环境。针对于此，本章笔者就以色彩的相关理论研究与探索作为基础，从中明确乡村色彩的基本概念、历史缘起和发展，为地域特色乡村景观色彩规划更加趋于理想化提供强有力的理论支撑。

第一节 色彩相关理论

毋庸置疑，理论研究成果作为实践探索工作的基础，前者对后者而言不仅有理论指导作用，更具有创新引领作用。为此，笔者在进行乡村景观色彩规划研究的过程中，将色彩相关理论的收集、整理、归纳、分析、参考与借鉴作为基础工作，从而确保本书的创作不仅具备诸多理论指导，还能彰显其理论价值和实践应用价值，具体相关理论如下：

一、色彩的产生

就系统化开展乡村色彩的研究工作而言，首要任务是深入了解色彩是怎样出现的，其原理又是什么，由此才能确保色彩的视觉效果达到最佳，反之则不然。因此，学术界已经在相关理论研究工作中，针对色彩的产生进行了系统性研究，并且众多学者所提出的观点都极具代表性，为色彩领域的深层次研究奠定了坚实基础。古今中外的学者在理论研究过程中，普遍将视角放在哲学层面和科学层面，进而让色彩本身的艺术性能够得到最科学的解释。笔者在撰写本书的过程中，相关理论收集与整理工作就将色彩的产生放在首要位置，从三方面说明色彩产生的基本原理，为本书夯实基础。

（一）光

从物理学角度分析，光的实质是一种电磁波，波长范围在380nm ～ 780nm 的光波可以被人类肉眼感受到，而光的波长不同自然也会呈现出不同的色相。而在可见光的范围内，波长最长的光波为红色光，波长为 780nm；波长最短的光波为紫色光，波长为 380nm。因此人类肉眼可见的光波按波长的长短排列顺序为：红色、橙色、黄色、绿色、蓝色、紫色。

就人类可感知的光波而言，处于光谱中间区域的黄色至绿色之间的色彩是人类最为敏感的色彩，而光谱之外的色彩则是人类肉眼无法感知的色彩。但是对于其他动物或昆虫而言，光谱以外的光可以通过肉眼感受到，人类则需要借助光学仪器来实现，紫外线和红外线正是在光学仪器的帮助下被人类所认知[1]。

（二）物体色

所谓“物体色”，其实就是物体本身的颜色，或者物体表面所附着颜料呈现出的颜色[2]，而颜色通常包括光源色和物体色两类。人们通过肉

[1] 杨身源 . 西方画论辑要（新版）[M]. 南京：江西美术出版社，2010：13-18.

[2] 刘毅娟 . 苏州古典园林色彩体系的研究 [D]. 北京：北京林业大学，2014.

眼感知物体表面的颜色被称为物体色。由于光在空气中的传播会有直射、反射、折射等多种现象，光在空气中传播的现象不同，人们通过肉眼感知的颜色也明显不同。当光照射在物体表面而产生直射现象时，人们通常感知的是光源色，色光的三原色为红、绿、蓝。将光源色用 RGB 标记后，光源色照射物体表面时所标记的光被吸收，而其他颜色的光则在物体表面发生反射现象，这样人们感知的是物体表面所呈现的颜色，即物体色，因此也得出色料三原色为红、黄、蓝。

通过光经过物体表面所产生的传播现象，不难发现影响物体色呈现的因素极为明显，即物体机理。当物体吸收、反射、投射色彩时，物体机理不同，所呈现的物体色就有着不同的效果。而物体机理往往指的物体表面的光滑程度，当光经过金属、镜子、丝绸等表面较为细腻平滑的物体表面时，色光反射效果往往较为强烈，并且色彩极为明亮。而当光通过皮毛、海绵、毛玻璃等表面粗糙且疏松的物体表面时，色光反射效果较为暗淡，色彩也相对较为柔和[1]。

（三）人类视觉色彩感知原理

在本书中，“色彩”显然特定为人们能够视觉感知到的色彩，而人们在管制色彩的过程中，通常人眼与大脑内部所承担显色功能的大脑皮层发挥着重要作用。学术界针对色彩本身的理论学说众多，具体可归纳整理为三类：第一类是三色学说，第二类则为四色学说，第三类为感光与感色蛋白学说。这三类学说都是建立在人类生理结构层面之上，将其感知色彩的生理机能进行深入剖析，理论观点都极具说服力。

但是，从生理学角度出发，人类眼部结构显然极为复杂，具有感知色彩功能的器官组织则是视细胞，该细胞由锥状细胞和杆状细胞构成。后者往往对色光并不发生反应，但可敏捷地感受到环境或物体的明与暗。前者则对色彩有效感知，作用细胞为长波的 L 锥状细胞、中波的 M 锥状细胞、短波的 S 锥状细胞。在三者的共同作用之下，色光转化为 RGB 信号，人的单眼通常包括 650 万个锥状细胞和 11.2 亿个杆状细胞，后者是前者的近 20 倍，这也充分说明了为什么人眼能够敏锐地感受到物体或环

[1] 吴振韩．色彩设计：色彩构成的原理与设计 [M]. 南京：南京师范大学出版社，2009：22-23.

境的明与暗，而对色彩的感知程度远远不及此。

在色觉正常的人眼中，上述三种波长的锥状细胞共同存在，并且始终保持共同作用的状态，但是在色盲和色弱人的眼中，锥状细胞往往会出现异化或退化现象，某种或者某些色彩因此无法被感知。总体而言，全世界色弱人群占世界总人数的1/12，而亚洲地区色弱人数则占该地区总人数的1/20，而美洲、非洲、新几内亚地区这一比例则约为1/50。造成这一现象的原因非常简单，就是这些地区人们日常生活环境中，往往不需要进行色彩的辨别，因此眼部相对应的功能发生退化。另外，每个地区所受到的阳光照射程度不同，也会影响人们的眼部色彩辨别功能[1]。基于此，很多国家在进行整体色彩设计的过程中，会将色觉异常的人群充分考虑进来，重点关注色觉异常人群色彩感知能力弱化的事实，以此确保整体色彩设计方案和效果呈现更加人性化。

二、色彩民俗学

关于色彩的研究，必然要有重要的理论基础作为支撑，色彩民俗学作为研究色彩与民俗活动之间内在联系，阐述色彩文化的民族特征、文化价值、艺术价值的重要理论，在本书创作过程中必须作为一项重要的理论基础。接下来，笔者就立足色彩民俗学的定义、研究价值、研究领域三方面，将其理论研究的主要方向和内容进行系统性阐述。

（一）色彩民俗学的定义与研究意义

色彩民俗学研究作为中国特有的优秀传统文化研究的理论基础，不仅能够将中华优秀传统文化中的民俗文化通过色彩表达的形式充分呈现，更能将中华优秀传统文化所具有的深层文化内涵，以及艺术魅力充分展现出来。因此，色彩民俗学的研究具有较为突出的研究意义。

1. 色彩民俗学的定义

从学术研究角度出发，色彩民俗学是以色彩为切入点，针对特定人群的民俗生活具体表象进行研究，并且针对其生活中的具体应用不断进行深入探索，进而明确特定人群的色彩文化特征。从历史追溯的角度出

[1] 科帕茨.三维空间的色彩设计[M].周智勇，何华，王永祥，译.北京：中国水利水电出版社，2007：18-20.

发，色彩感知被视为人类最早习得的一项本能，不仅可以在被动的条件下去接受色彩，同时也可以积极地反映和改造色彩环境，进而创造出具有民族特性的色彩文化。正因为色彩文化存在于自然社会之中，所以其文化传统和价值体系都会因自然环境的不同存在一定的差异，而色彩民俗学就是要将这些差异性进行深入研究与探索，其中就包括色彩名称、色彩信仰和象征、色彩功能等方面。

2. 色彩民俗学的研究意义

色彩是民俗符号中的一种，学术界也对该观点进行了明确阐释，其观点主要表现在色彩语言功能是色彩语言的能指，色彩语言符号通常能够指向人们内心深处的民俗信息，同时也会激发出更多人们内心深处所要表达的民俗信息，最终形成一个较为完整的色彩民俗系统。另外，在色彩语言的传递模式上，通常都会以色彩含义的约定作为沟通桥梁，特定人群会将某些定义附着在某种色彩之上，或者某种色彩组合之上，而能够理解其文化背景的人群可以将其解读，并通过某种色彩或色彩组合表达出自己内心最真实的想法，而这也正是色彩民俗符号构成的三个基本要素所在[1]。另外，色彩文化具有象征性这一显著特征，通常在某一地域回忆色彩原型的形式体现在人们民俗生活中，进而形成独具特色的民俗象征符号。而这也充分说明色彩象征符号已经在民俗生活中得到广泛渗透，人们在从事任何一项民俗活动时，都会从中有所触动，并且深刻感受到色彩本身所具有的象征性文化内涵，从中深刻感知并体会民俗活动本身所具有的价值，最终会在无形中形成一种独有的民族性格，而这也是中华民族色彩文化所独有的魅力。

（二）色彩民俗学的研究领域

根据色彩民俗学的定义和研究意义可知，其理论研究的方向极具指向性，并且研究的意义不仅体现在文化层面，更体现在艺术层面上。因此，在进行理论研究的过程中，既要明确该理论研究的定义和研究意义，又要将研究的主要领域加以高度明确。接下来笔者就立足八个方面，将色彩民俗学研究的主要领域一一呈现，进而为本书提供坚实的理论支撑。

[1] 甘泉．土族色彩观的民俗学探析：以土族服饰色彩为例[J].青海社会科学，2012（4）：220-223.

1. 特定族群的色彩认知

针对这一方面的研究，主要体现在色彩词汇、色彩语言审美、颜料和染料三个方面。就色彩词汇而言，主要针对形容色彩的词语，以及词语所蕴含的深意进行深入研究；就色彩语言审美而言，主要针对色彩语言所表现出的美进行深入挖掘，从而引导人们建立正确的色彩审美观念；就颜料和染料而言，主要针对色彩形成的规律和色彩印染的方法进行研究。本书的创作过程显然会涉及上述三个方面，从而体现色彩在景观环境设计与规划中的作用。

2. 命名与色彩

针对该方面的研究，主要体现在用色彩命名的方法，为山水、村落、个人、动植物等起名，进而成为其重要的象征。这样的起名方式不仅更加突出主体鲜明特色，让人印象深刻，还能将主体本身所蕴含的深刻文化寓意充分表达出来，帮助人们进行更深层次的理解和感受。其中，最典型的就是将村落和服饰用色彩进行命名，从而形成一种色彩民俗符号。

3. 文字与色彩

针对这一领域的研究，集中指向于文字构成中所包含的色彩元素。具体而言，主要包括用象形文字来代表色彩，用会意来表示色彩，用所知的事物来表示色彩，以及在进行文字书写过程中所用到的颜料颜色等。由于很多地域文化具有鲜明的代表性，并没有文字用于书写，因此很多地域文化并没有明确的文字作为记录，通常只有用颜色来表达文化寓意和传承的过程。

4. 礼仪与色彩

从内容角度分析，礼仪包括个体层面和群体层面两部分，而这也是民俗色彩显性部分的重要组成，其中不同地域的民俗活动组织形式极为丰富，并且在色彩的运用上有明确的规定，人们内心也逐渐约定俗成，而这也是色彩民俗学的主要研究内容，在本书中也会有明确的体现，笔者会将其加以具体说明。

5. 信仰与色彩

主要包括民俗活动中的色彩表达，以及色彩对信仰空间的观念呈现等多方面。众所周知，中华民族不仅地大物博，还有历史悠久的传统文化，传统信仰更是在人们心中占据重要位置，并且在民俗活动中会通过具有民俗文化寓意的色彩符号表现出来，而这些通常在民俗活动的建筑和服饰中呈现出来，本书就会涉及有关建筑色彩的阐述。

6. 建筑与色彩

色彩与建筑之间的关系极为紧密，建筑本身又与民俗活动存在密不可分的联系，所以色彩民俗学的研究内容中，建筑与色彩是极为重要的组成部分。其中不仅包括建筑材料中色彩本身所具有的装饰功能，地方材料的使用与色彩视觉传达效果之间呈现的关系也应作为一项重要研究内容。本书将这一领域的理论研究作为重要基础，并且充分展现建筑与乡村景观色彩之间存在的紧密联系。

7. 服饰与色彩

从功能性角度出发，服饰显然具有装饰功能和民族文化的传播功能，而上述功能往往是通过服饰色彩来呈现。色彩组合之间所形成的差异通常能够彰显地域文化所具有的特色，同时将其加以有效运用更能引领时尚潮流。对此，服饰与色彩显然成为色彩民俗学研究的主要内容之一，能够为民族传统文化的传承、弘扬、发展路径的研究奠定坚实理论基础。

8. 色彩审美调查

在色彩民俗学研究道路中，针对民间传说和历史故事的起源与研究显然是不可避开的话题，从中找到群体关于色彩审美的总体认知情况，能够探明不同地域关于色彩文化内涵的理解与接受程度，进而让相关色彩理论研究变得更加充实和饱满。为此，色彩审美调查也自然成为色彩民俗学研究的主要内容。

三、乡村景观规划

乡村景观规划作为一项极为系统的工程，乡村景观色彩规划无疑是重要的组成部分之一。因此，在开展乡村景观色彩规划研究工作之前，先要将乡村景观规划的相关理论加以高度明确，由此方可保证乡村景观色彩规划的总体要求和具体方向始终保持高度准确。

（一）乡村景观规划理论

该理论核心思想极为明确，即乡村景观规划的过程是多学科理论应用的过程，针对乡村诸多景观要素进行整体性的规划与设计。具体而言，主要包括与乡村的社会、经济、文化、习俗、精神、审美密不可分的乡村聚落景观、生产性景观和自然生态景观等多方面要素。由此可见，该理论是保护乡村景观完整性和文化特色，挖掘乡村景观的经济价值，保护乡村的生态环境，推动乡村的社会、经济和生态持续协调发展的一种综合规划[❶]。立足该理论，不难发现在乡村景观色彩规划之路中，必须考虑乡村所在地域的地理环境、人文环境、社会经济大环境等多方面因素，由此方可确保乡村景观规划能够与新时代乡村建设、发展的总体方向高度适应。

（二）乡村景观规划基本理论分析

陈威认为中国正处于传统乡村景观向现代乡村景观的转变过程中，人地矛盾突出，需要通过合理的规划进行有效的资源配置[❷]。该研究观点充分体现出在乡村景观规划的过程中，地理环境因素往往与人们内心迫切需求之间存在相互制约的关系，如要打破这一制约关系，那么在乡村景观规划的过程中必须将资源进行合理挖掘，并且高效利用，确保乡村景观规划过程中资源的丰富性不断提升。王云才教授认为乡村景观规划是在城市化快速发展的今天，在城乡一体化过程中，协调和建立统一的城乡体系，以乡村景观美景度、敏感度、可达度、相容度和可居度等景观特征为中心，通过对乡村资源的合理利用和乡村建设的合理规划，实现乡村景观美景、稳定、可达、相容和可居的协调发展的人居环境特征，将乡村人居环境建设成为未来最适宜居住的景观空间。结合该观点，不难发现在乡村景观规划的道路中，景观规划方案不仅要保持与新时代乡村建设、发展的总体要求相一致，更要确保规划的效果能够展现乡村大环境的和谐之美。在此期间，规划方案必须确保具有极强的可操作性和可实现性。

（三）乡村色彩景观规划的启示

乡村景观规划明确指出，乡村景观的美景度是乡村协调发展的居住

---

❶ 刘滨谊，陈威．关于中国目前乡村景观规划与建设的思考[J]. 小城镇建设，2005(9)：45-47.

❷ 陈威．景观新农村：乡村景观规划理论与方法[M]. 北京：中国电力出版社，2007：9.

环境特征之一。不同地理位置的乡村景观呈现的色彩也是不同的，而作为规划师的我们需要真正了解乡村色彩景观分布和构成元素，感受色彩景观符号体现的乡村景观，制订合理的乡村色彩景观色谱。

四、色彩三属性

1845 年，格拉斯曼（Grassmann）提出了颜色定律，即颜色由色相、明度和纯度决定，色彩学把色彩的这三种特性统称为颜色的三属性，亦称色彩三要素[1]。

（一）色相（hue）

色相（hue，简写为 H），即色彩的相貌，是色彩最基本的特征，也是色与色彼此相互区分最明显的特征[2]，人的眼睛可以分辨出约 180 种不同色相的颜色。任何黑、白、灰以外的颜色都有色相的属性，即便是同一类颜色，也能分为几种色相。光谱中有红、橙、黄、绿、蓝、紫 6 种基本色光。最初的基本色相为：红、橙、黄、绿、蓝、紫。在各色中间加插中间色，按光谱顺序为：红、橙红、黄橙、黄、黄绿、绿、绿蓝、蓝绿、蓝、蓝紫、紫，红和紫中再加个中间色红紫，得出 12 种基本色相。

人类色觉主要的基础色相有红、黄、绿、蓝 4 种色相，又称心理四原色，它们是色彩领域的中心。这 4 种色相的相对方向确立出 4 种心理补色色彩，在上述的 8 个色相中，等距离地插入 4 种色彩，成为 12 种色彩的划分。再将这 12 种色相进一步分割，成为 24 种色相。在这 24 种色相中包含了色光三原色，泛黄的红、绿、泛紫的蓝，和色料三原色红紫、黄、蓝绿这些色相。采用 1 ～ 24 的色相符号加上色相名称来表示。把正色的色相名称用英文开头的大写字母表示，把带修饰语的色相名称用英语开头的小写字母表示。例如：1pR、2R、3rR。原色以红、黄、蓝为准。间色是橙、绿、紫三色。复色，也称第三次色，两间色相加即成复色，或是黑浊色与一原色的混合，即为复色。

---

❶ 阿恩海姆．色彩论 [M]. 常又明，译．昆明：云南人民出版社，1980.

❷ 程杰铭，陈夏洁，顾凯．色彩学 [M]. 北京：科学出版社，2006：34.

（二）明度（value）

明度（value，简写为 V）是指色彩的明亮程度。各种有色物体由于它们的反射光量的区别而产生颜色的明暗强弱。色彩的明度有两种情况：一是同一色相不同明度，如同一颜色在强光照射下显得明亮，弱光照射下显得较灰暗；二是同一颜色加黑以后能产生各种不同的明暗层次。

明度在色彩三要素中具较强的独立性，它可以不带任何色相的特征而通过黑、白、灰的关系单独呈现出来。色相与纯度则必须依赖一定的明暗才能显现，色彩一旦发生，明暗关系就会同时出现。色调相同的颜色，明暗可能不同。例如，绛红色和粉红色都含有红色，但前者显暗，后者显亮。在孟塞尔颜色系统中，黑色的绝对明度被定义为 0（理想黑），而白色的绝对明度被定义为 100（理想白）；而相对明度就如通常我们所看到的字黑被定义为 5，纸白被定义为 95；其他系列灰色则介于两者之间，具体如图 2-1 所示。

图 2-1　色彩明度

（三）纯度（chroma 或 saturation）

纯度，通常指色彩的鲜艳度，也称饱和度或彩度。从色彩学的角度看，某一色彩的纯度决定于这一颜色所发射光的单纯程度。根据色环的色彩排列，相邻色相混合，其纯度可以基本保持不变；而将对比色彩进行混合，则会降低色彩的纯度，以致成为灰暗色彩。在绘画中，颜色干净即纯度就高，颜色暗淡即纯度就低。所以纯度可理解为，该色彩所含可见颜色的不同程度，也可理解为该色彩含“灰色”的程度。高纯度色彩色相表现显著，低纯度的颜色则不显著。色彩的纯度变化，可以产生丰富的强弱不同的色相，因此，高明度浅色、极灰或极暗的色彩就很难分辨其色相的真实感觉，导致色相感模糊。一般色彩纯度高的地方在物体的灰部，最接近物体本来的颜色；其次是亮部，受光源影响偏亮，纯度较低；纯度最低的是暗部，背光面颜色最深，具体如图 2–2 所示。

图 2–2　色彩纯度

颜色的三个属性是相互独立的，但不能单独存在，它们之间的变化是相互联系、相互影响的。任何颜色都可以用颜色立体上的色相、明度和彩度这三项坐标来标定，并给出标号。标定的方法是先写出色相 H，再写明度值 V，在斜线后写彩度 C：HV/C（色相明度值 / 彩度）。例如，标号为 10Y/8/2 的颜色，它的色相是黄（Y）与绿黄（GY）的中间色，明度值是 8，彩度是 2。标号为 2.5R/3/8 的颜色就是色相是红（R）和黄红（YR）之间的中间色，明度值是 3，彩度是 8。对于非彩色的黑白系列（中性色）用 N 表示，在 N 后标明度值 V，斜线后面不写彩度：NV/（中性色明度值 /）。例如，标号 N/5.0 的意义：明度值是 5 的灰色。具体如图 2–3 所示。

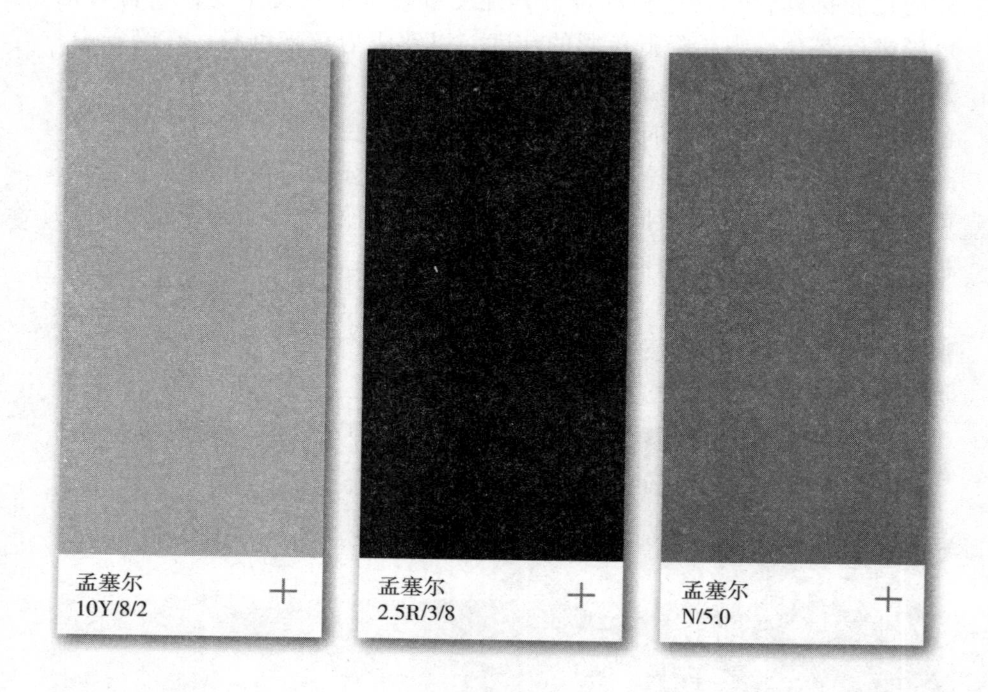

图 2-3　色彩三属性

五、色彩体系

（一）孟塞尔色彩体系

孟塞尔颜色系统（Munsell color system）是美国艺术家 Albert H. Munsell（1858—1918）在 1898 年创制的颜色描述系统。孟塞尔颜色系统通过立体空间模型，把物体各种表面色的色相、明度、饱和度表示出来，作为分类和标定表面色的方法（图 2-4）。

孟塞尔色彩体系的空间模型包含了 5 种原色和 5 种间色，任何色彩都可以用该色立体模型上的色调、明度和纯度来定位数值。孟塞尔色彩体系的创立在历史学上有非常重要的意义，因此，在此之后关于色彩体系研究的新理论，基本都是在此基础上的进一步完善。

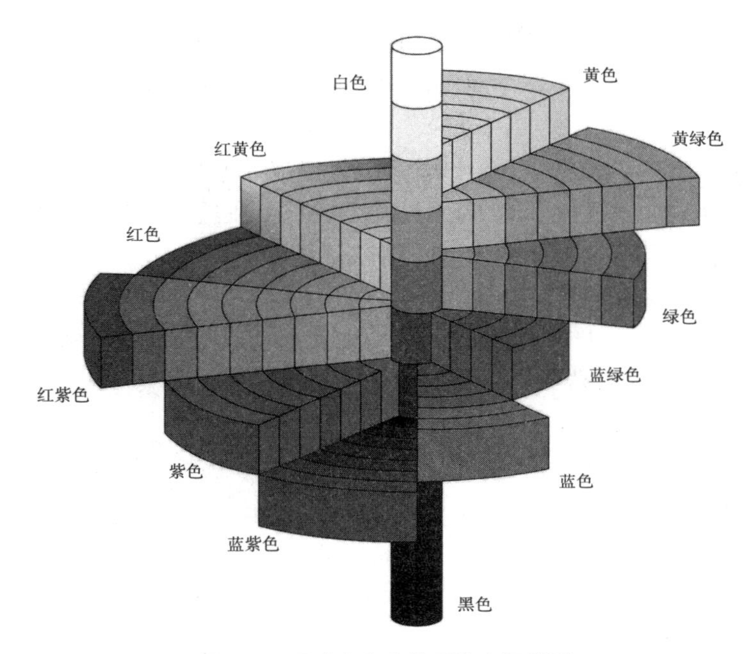

图 2-4　孟塞尔色彩体系的空间模型

（二）自然色彩系统

自然色彩系统（natural colour system，简写为 NCS）是来自瑞典的色彩系统，以眼睛看颜色的方式来描述颜色。表面颜色定义在 NCS 系统中，同时给出一个色彩编号。

1. 6 个基准色

NCS 是以 6 个基准色为基础，这 6 个颜色是：白色（W）、黑色（S），以及黄色（Y）、红色（R）、蓝色（B）、绿色（G）。NCS 色彩编号描述的是眼睛所看到的颜色与这 6 个基准色的对应关系。

2. NCS 色彩空间

NCS 色彩空间如两个圆锥相扣，纵轴 W-S 表示非彩色，顶端是白色（W），底端是黑色（S），中部水平周长是纯彩色形成的色彩圆环。

3. NCS 色彩圆环

在 NCS 色彩空间的水平中间位置取水平断面，得到由不含黑色和白色纯彩色形成的 NCS 色彩圆环，它表示颜色的色相关系。

4个彩色基准色——黄（Y）、红（R）、蓝（B）、绿（G），在色彩圆环上呈直角分布，每两个基准色之间被等分为100阶，取每10阶表示在NCS色谱（atlas）中。

4. NCS色彩三角

NCS色彩三角是色彩空间的纵轴（W–S）和色彩圆环上纯彩色形成的垂直剖面，它表示颜色的黑度、白度及彩度等关系。

5. NCS色彩编号

以NCS色彩编号S 2030–Y90R为例，2030表示黑度和彩度，也就是纯黑占20%，而纯彩色占30%。Y90R表示色相，也就是色相为90%红色和10%黄色。

NCS色彩编号前的字母S表示NCS第2版（second edition），此外还代表标准色样（standard）。

（三）中国传统五色体系

中国五色体系是中国古代皇帝以五行、五德法则建立的宏伟色彩体系[1]。民间色彩经过代代相传，至今依然保持着原始的用色方式。中国传统的五色体系把青、白、红、黑、黄视为正色，分别代表着东、西、南、北、中这五个方向，也对应着木、金、火、水、土这五行。中国古代长期生活在自给自足农耕文明下的人们，很少走出自己的家乡，因此，在封闭状态下孕育出的色彩很少会受到外界的影响，从而形成相对稳定的区域性色彩选择倾向[2]。

在中国农业社会背景下，自然万物的起源、构成、功能是由五行、五色、五德、五味、五声、五脏五类基本物质统摄的，万事万物均在这个体系内，互为印证。在这个观念中，五色虽然起源于自然色彩的提炼，但更多的是作为一种文化表义符号存在。中国人一直将色彩认知置于宇宙自然整体之中，把色彩与自然社会、生命紧密关联[3]。彭德指出：五行五色系统作为中国传统文化的整体框架，具有系统功能、指示功能、象

❶ 张琳 . 浅析我国民间色彩之源 [J]. 美术教育研究，2019（21）：64–65.

❷ 李广元 . 东方色彩研究 [M]. 哈尔滨：黑龙江美术出版社，1994：65.

❸ 王招弟 . 两周时期五色象征意义初探 [D]. 西安：陕西师范大学，2012.

征功能、控制功能❶，具体如图 2-5 所示。

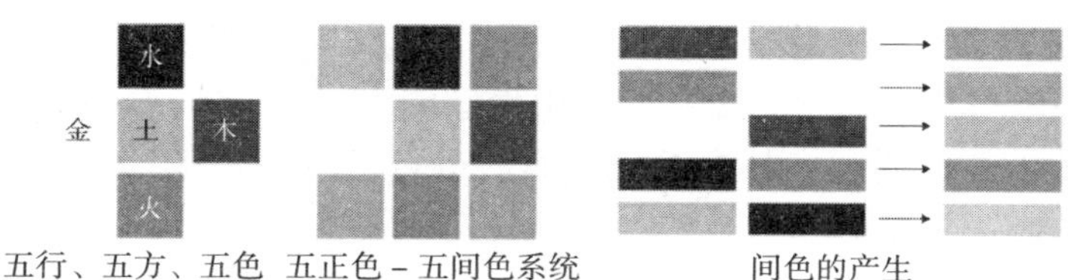

图 2-5　五方五色及间色示意图

（资料来源：《2016 中国传统色彩理论研讨会论文集》）

虽然沙海村的主要民族是回族，但由于在历史上回汉文化的交融，色彩原型中受到五行五色观的影响痕迹非常明显。在宗教建筑及其他传统建筑、民居、服装、宗教仪式等色彩中多处体现对五色的讲究。

（四）NCD 色彩体系

日本色彩设计研究所（nippon color and design research institute inc，简称 NCD）创立于 1966 年。作为国际一流色彩设计研究机构，始终致力于色彩与设计心理以及色彩形象企划等方面的系统研究。日本色彩与设计研究院的创始人小林重顺（Shigenobu Kobayashi）在孟塞尔颜色系统的基础上开发了色调与色调系统（hue and tone system）。本书主要使用日本 NCD 色彩分析体系进行分析。NCD 的“色彩形象坐标”将色彩、配色、语言、环境以及人有机结合起来，使我们“像使用语言一样使用色彩”，研究关于“色彩与语言”“色彩与音乐”“色彩与历史”“色彩与五感”之间的关联。日本色彩研究所研发的 NCD 色彩体系，是目前在设计领域中使用最广泛的色彩体系之一，它建立在孟塞尔色彩学原理的基础上，运用心理学方法调查得出色彩与心理感觉的对应关系，并以“色相与色调体系”作为分析工具，能直接有效地将设计意图与色彩结构联系起来❷。

1. 代表色相

日本色彩研究所简化了色彩信息，以此探求人类的心理感知及社会发展的趋势，确定了可以准确表达心理色彩体验的 130 种代表色所构成

❶ 美术研究所．中国传统色彩理论研讨会论文集 [C]. 北京：文化艺术出版社，2016.

❷ 小林重顺．配色印象手册 [M]. 南开色彩研究中心，译．北京：人民美术出版社，2012：33-44.

的“色相与色调体系”[1]。通过横向的色相顺序，纵向的色调顺序，依次为基础排列的 120 种彩色加上 10 种无彩色，共 130 种颜色构成。在 NCD 色彩分类中引用了孟塞尔色彩体系中提到的 10 种色相，在色调分类上首先大致分为鲜艳明亮、朴素沉暗，然后进行了进一步细致的分类，具体如表 2–1 所示。

表2–1 色彩分类

清色色调	浊色色调	人类心理浊色色调	无彩色
V（锐）、B（明）、P（淡）、Vp（最淡）	S（强）、Lgr（淡弱）、L（弱）、Gr（涩）、Dl（钝）	Dp（浓）、Dk（暗）、Dgr（最暗）	白（N9.5）、黑（N1.5）是清色，灰色（N9–N2）是浊色。清色形象与晴空万里的清澈感觉相关联，浊色形象让人联想到阴天的灰暗或带有暗淡的稳重感觉。这些形象的不同，成为各色调的个性基础

2. 色相关系图

NCD 体系以孟塞尔色彩体系的 10 种色相为基础，将色彩世界分为 130 色的基本体系和拥有 1093 色的应用型 Hue & Tone 体系，不但便于进行色彩策划以及色彩沟通，还能使色彩调查与统计处理更加简便。另外，也可用计算机对色彩数据进行处理，因而能够简单明了地把握商品色、市场色、环境色等特征。色相关系图（图 2–6）用于分析色彩关系中色相在色相环的相对位置：将角度范围在 0 ～ 15 度的称为同类色，角度范围在 60 度左右称为临近色，角度范围在 90 度左右称为中差色，角度范围在 120 度左右称为对比色，角度范围在 180 度左右称为互补色。也就是说，两种颜色位置所处的相对角度越大，色彩力关系越紧张；相对位置的角度越小，色彩力关系越柔和。

---

[1] 小林重顺 . 色彩形象坐标 [M]. 南开大学色彩与公共艺术研究中心，译 . 北京：人民美术出版社，2006.

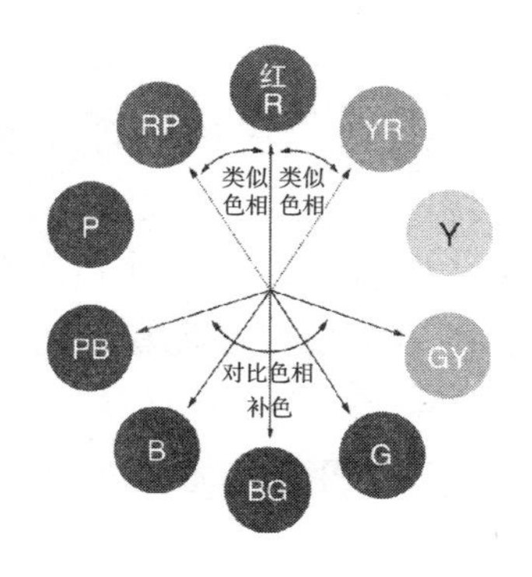

图 2-6　色相关系图

3. 单色分析图

单色分析图基于 NCD-130 色单色坐标位置图，利用原始的彩色投影技术、方差分析、聚类分析、因子分析和语义微分法，设计了一种彩色图像尺度。在这个尺度上，每种颜色都有三个属性：暖或冷、软或硬、清晰或灰色，这与标记的色调、色值和色度相关。彩色图像尺度是有用的描述相似和对比图像的颜色。该量表还允许对各种物体（形状、图案、服装、食物等）进行分类和关联，并研究个人在这些和其他领域的偏好。通过心理学研究来把握形象的共同感觉的工具就是形象坐标。

将某类型单色色彩数值模糊转换为 130 色号后，对应放入 NCD-130 色单色坐标位置图中得到单色分析图，可以观察此类型色彩单色的色彩规律。色彩（单色）形象坐标是运用心理学的方法调查得出的数据为依据，根据人类语感所制订，同一色调的颜色都用线连接起来。

4. 色彩面积分析图

单纯根据色相、纯度和明度还不够完全描述色彩的全部样貌，为此 NCD 色彩体系率先使用了色彩面积概念，提出色彩组合中的色彩面积是影响色彩印象的重要因素。色彩面积越大，视觉影响力越大，反之则视觉影响力越小。例如，视觉环境中某一色彩的面积占据了绝对优势，即我们通常所说的基调色，则这一色彩在受众视觉感官记忆中占据的分量就大。因此，在本书的图示分析中，为相对准确地计算色彩面积，笔者便先依照图片概括性记录和绘制电子图示，然后进行较为精确的色彩面积的计算。

5. 色彩印象坐标分析图

NCD 颜色系统通过提炼 180 个表达人们情感的色彩词，将颜色和语言连接起来作为配色的基础数据，形成颜色心理图像坐标，进一步系统化和数字化图像中颜色的含义，并结合心理学知识进一步浓缩颜色系统，使得色彩图像坐标和语言图像坐标相互对应。每组图像坐标都有一个精确的形容词来收集和整理。不同的色彩系统有各自的特点和优缺点，因此在实际的色彩研究和应用中有必要选择合适的色彩系统。

（五）PCCS 色彩体系

PCCS（practical color coordinate system）色彩体系是日本色彩研究所研制的，色调系列是以其为基础的色彩组织系统。其最大的特点是将色彩的三属性关系，综合成色相与色调两种观念来构成色调系列。从色调的观念出发，平面展示了每一个色相的明度关系和纯度关系，从每一个色相在色调系列中的位置，明确分析出色相的明度、纯度的成分含量。

1. 色相（hue）

即我们前面提到的 24 个色相，采用 1 ～ 24 的色相符号加上色相名称来表示，详见图 2-1。

2. 明度（lightness）

明度是白色和黑色之间的色彩感觉。PCCS 明度细分为 18 个阶段，把明度最高的白设为 9.5，把明度最低的黑设为 1.0。因为色标不能印刷 1.0，所以明度阶段是 1.5 ～ 9.5。在色相环中，各色相的明度是不同的，其中黄色的明度最高，紫色的明度最低。

3. 纯度（saturation）

纯度基准是从实际得到的色料中，收集在高纯度色彩领域中鲜艳程度的差别，给每个色相制订出不同的基准。在各色相的基准色与其同明度的纯度最低的有彩色中，等距离地划出 9 个阶段，纯色用 S 表示。

4. 色彩立体

日本色研主要是以孟塞尔色彩体系为基础发展而成，因为其等色相面均用不等边的三角形构成，所以色立体呈横卧蛋状。

5. 色调（tone）

PCCS 体系的基本原理和孟塞尔体系的原理几乎是相同的，根据色彩三属性加以尺度化，并形成等距离的配置，但 PCCS 体系的最大特点是将色彩综合成色相与色调两种观念来构成各种不同的色调系列，便于色彩的各种搭配。9 个色调是以 24 色相为主体，分别以清色系、暗色系、纯色系、浊色系色彩命名的。色调与色调之间的关系同色彩体系的三要素关系的构架是一致的，明暗中轴线由不同明度的色阶组成。靠近明暗中轴线的色组，是低纯度的浊色系色调，Ltg 色组、g 色组；远离中轴线的色组，是高纯度的 v 色、b 色组；靠近明暗中轴线上方的色组，是高明度的清色系 P 色组、Lt 色组；中轴线下方的色组，是低明度的暗色系，dp 色组、dk 色组；中央地带的色组，是明度、纯度居中的 d 色组。

六、城市色彩设计学

从广义来看，城市色彩为城市呈现的色彩总和，包括物质性的色彩和非物质性的色彩。物质性色彩指城市实体各个要素，如建筑、道路、景观、水体、植被等所呈现的色彩。

国内外对乡村景观色彩的研究，是建立在对城市景观色彩的研究基础上的。欧洲的第二次工业革命见证了大量用新材料建造的新建筑，其颜色种类越来越多。国外的色彩规划理论和实践起步较早，主要分为：建筑文化基因保护、区域色彩延续性设计和艺术色彩设计。色彩规划案例基本可以分为两种模式：一种是以日本为代表的亚洲模式，城市规划由政府主导，中国的城市色彩设计也是以此为主导，普遍强调比较严格的色彩控制措施；另一种是欧美模式，政府主要控制历史街区的色彩保护，色彩保护以科学的色彩记录和修复为主，而非历史街区则限制较少，总体强调色彩管理和鼓励创新。可以借鉴的方面包括：城市色彩收集和分析的理念，最新色彩理论和色彩技术的辅助，政府法令和执法作为城市色彩规划的保障，以及公众、专家、材料厂商的多学科合作。

国内的城市色彩研究起步较晚，大多是以国外的先期研究为基础，还没有形成独立的系统理论。色彩规划方法的主流是基于 Lenclos J-P 的色彩地理学思想在中国城市的具体实施，关于色彩规划研究的论文主要集中在城市色彩实施的技术层面的指标和表述上。

这些国内外的前期色彩规划理论和方法，从不同角度为沙海村景观色彩的规划提供参考和指导。

七、色彩地理学

色彩地理学是20世纪70年代，法国色彩学家让·菲利普·朗科罗创立的实践应用型色彩理论，他首次从色彩方面提出保护地域自然色彩、人文色彩。色彩地理学研究的主要目的是调查并归纳总结不同人文地理区域的色彩景观特征，在此基础上分析该区域居民色彩审美的心理特征，从而为现代色彩景观设计提供依据。此外，色彩地理学派主张在不改变建筑构造的前提下，用现代的建造技术最大限度地维护传统色彩景观[1]。色彩地理学的要点是，土壤、地形、气候和日潮不同的地方，在使用色彩方面对社会文化产生了不同的反应，影响了居住环境或住在那里的人[2]。地区的色彩是表现该地区个性和风韵的重要因素，也是决定特定地区的地区形象并让人记住的重要因素之一[3]。从特定的地域、气候、人种、习俗、文化等因素的交汇点上来考察色彩，就不难发现人们对色彩的应用，往往由于其所处的生态环境和文化氛围不同，而产生不同的组合方式。正如朗科罗所说“色彩参与了一个民族的各项活动，也是一个国家的文化表现，这将促使我们更深入地探索色彩地理学的无限疆域。”[4]

具体操作方法分成两个阶段：第一阶段为色彩元素及相关资料的收集与取样，其目的是要得出该地区的景观色彩特性和该地区人群的审美特征；第二阶段是总体视觉效果的总结与归纳，主要是为了全面掌握色彩数据。具体如图2–7所示。

色彩地理学由宋建明教授引进中国，其方法已被中国多处城市色彩规划借鉴。该理论对本书研究的启发在于明确研究地域的地理、历史、人文、民族、习俗等概况，形成色彩分析的整体背景。本书研究中，沙海村的建筑色彩与地表基本要素色彩关系紧密，色彩归纳分析时需要进

---

❶ 罗庚昕．冀南山区传统村落建筑色彩研究[D]．邯郸：河北工程大学，2017.

❷ LENCLOS,Jean-Philippe Lenclos-Dominique Lenclos.Coloeurs Monde：Geographie de la couleur[M]. Paris：Groupe Moniteur，1999.

❸ 이현승．지역색 분석을 통한 환경색채 개선에 관한 연구 부산광역시 해운대구를 중심으로[D]. 부산： 동서대학교 디자인&IT 전문대학원 디자인학과 석사학위논문，2009.

❹ 宋建明．色彩设计在法国[M]．上海：上海人民美术出版社，1999：12–13.

行类比分析。运用仪器采集、拍照、图示分析等方法，获得初步建筑色彩数据样本，形成色彩分析综合图表。沙海村的色彩研究，某种意义上属于色彩地理学范畴。该理论的观点和研究方法为本书研究提供了重要的参考。

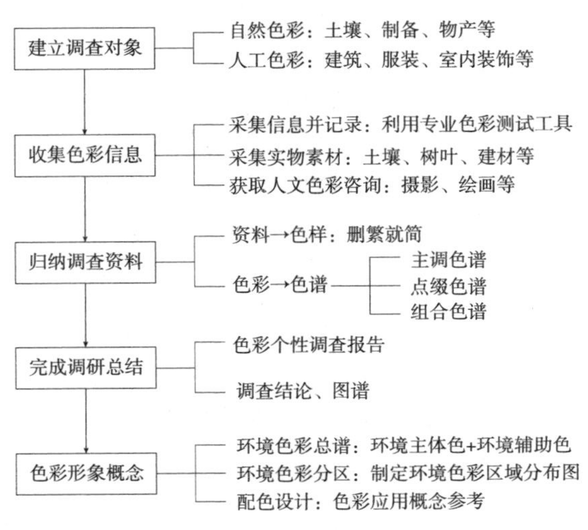

图 2-7　郎科罗色彩研究技术路线

资料来源:《苏州古典园林色彩体系的研究》

八、色彩心理学

色彩不仅与人的视觉产生联系，还能影响人的情绪和行为❶。在长期的社会生产实践中，我们可以发现不同地域、时代、民族、年龄、职业背景、教育程度、生活方式的人会形成不同的色彩心理感受与情感共鸣，以及具有差异性的色彩偏好，从而决定自身的择色观念，形成色彩审美观，这就是色彩多样的心理语义❷。1996 年，色彩经验金字塔的模型由美国色彩学家曼卡提出❸，该模型塔包括六个层级，具体如图 2-8 所示。

❶ 张路得 . 色彩在产品设计中的应用 [J]. 包装工程，2010（6）：13-15.

❷ 福多 . 心理语义学 [M]. 宋荣，宋琴，周慧君，译 . 北京：商务印书馆，2019：12.

❸ FRAND H, MAHNAKA. Color, Environment and Human Response[M].New York：Wiley, 1996: 28.

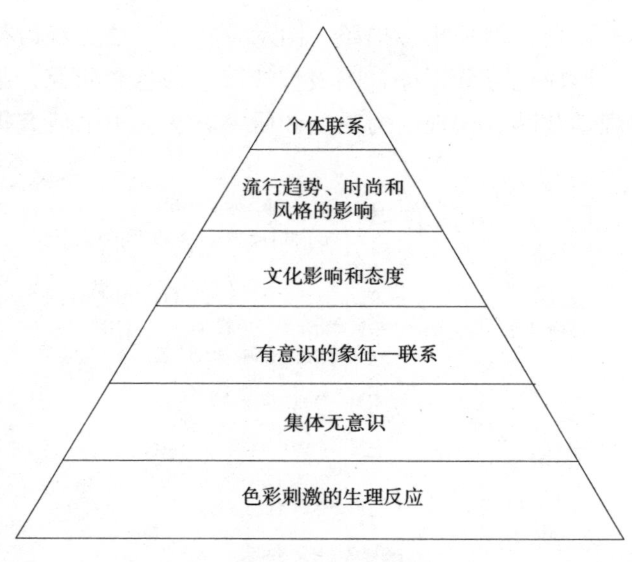

图 2-8　色彩经验金字塔

（资料来源:《色彩原型的生成与进化》）

（一）无意识的色彩反应

最基本的色彩反应是基于无意识的反应，即本能的色彩反应，这类反应往往是一种生物学反应[❶]。例如，人类总体偏爱红色和蓝色胜过绿色，就是因为蓝天、红色食物更符合人类对于安全的心理特征；黑黄相间色通常代表有毒的爬行类动物，会立即引起人们的警觉反应。以上的色彩本能反应都是人类在进化过程中形成，并深刻影响人类对色彩的无意识反应。无意识的色彩本能是人类最为一致的色彩反应，其影响力最为强大。此外，除了基于所有人类本能的自发反应之外，还包括有深刻影响的个人记忆，包括人在幼年和童年期的经历，对个人色彩反应的影响都十分强烈，甚至可以左右人的色彩偏好和色彩联想。

（二）潜意识的色彩反应

相比无意识色彩反应，潜意识的色彩反应更多地是靠学习得来的。这类色彩反应一部分是由个人联想形成的独特反应，另一部分是与文化

❶ 张琳．浅析我国民间色彩之源 [J]. 美术教育研究，2019（21）：23-24.

相关的反应，还有一部分是与气候相关的反应[1]。大多数潜意识色彩反应与地理区域密切相关，它们代代相传，形成社会规范，在日常行为模式中根深蒂固。地域气候中，日照条件对色彩反应的影响较大。社会的色彩观念也会左右群体性的色彩偏好，如英格兰人偏爱暖色，而日本人喜欢微妙的灰色调。同样是婚礼上使用的新娘服饰，中国传统婚服是红色，美国则以代表纯洁的白色为新娘礼服的首选色彩。

（三）有意识的色彩反应

有意识的色彩反应在个人经历的基础上形成，与个体的色彩偏好、色彩联想、时尚潮流、政治因素等都有关联[2]。有意识的色彩反应在地区间、代际间、个体间都有差异，在一定意义上，色彩就是社会各个因子变化的晴雨表，它潜在而真实地用色彩的语言诠释着色彩的变化。有意识的色彩反应同样也是个人信息的表征，受收入、教育、阅历、价值取向、性别、健康状况等多种因子的影响而发生变化。

第二节　乡村色彩的概念

毋庸置疑，任何一项研究工作的深入开展，都必须高度明确其相关概念，其原因在于概念的高度准确必然说明研究的方向已经基本明确，同时方向本身的准确性也能够得到充分保证。除此之外，还有助于研究工作准确地找出相关概念之间存在的关联性，进而确保研究具有一定的广度与深度，具体概念如图 2-9 所示。

如图 2-9 所示，在开展基于地域特色的乡村景观色彩规划研究工作之前，应明确上述五个核心概念的学术界定，而乡村景观色彩和地域两个核心概念中又包含其他相关概念。因此，将其加以高度明确显然有助于本书各项研究工作开展方向的准确性，并且明确核心概念之间存在的关联性。

---

❶ 房庆丽．以人为本的城市色彩意象研究 [J]. 城市建筑，2018，8（18）：19-20.

❷ 尹成君，冯志才．论色彩与画家主体意识的对应 [J]. 艺术百家，2007（3）：22-23.

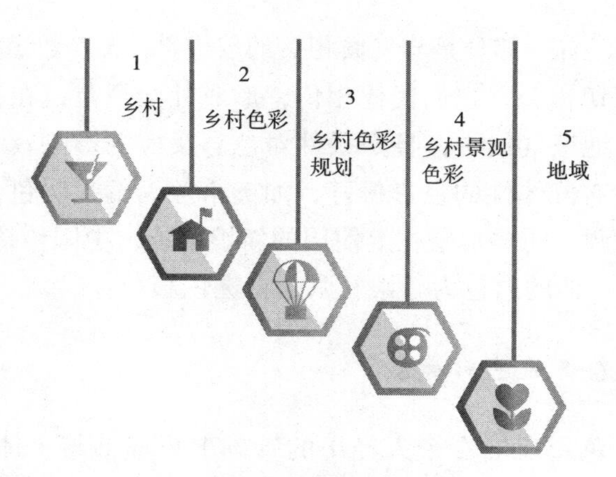

图 2-9　乡村色彩概念总览

本节笔者就立足乡村色彩的相关概念进行系统性总结与归纳，具体如下：

一、乡村

“乡村”作为中华优秀传统文化的聚集地，汇聚着无数的伟大智慧，因此民族发展之根本在于乡村社会的发展与进步。针对于此，中国学者针对“乡村”这一概念不断进行深入研究与探索，并且结合中国乡村发展的实际情况，提出了具有客观性的概念。国外学者针对这一概念的研究与界定成果则较为单一，以下笔者就立足国内与国外两个维度，将这一概念进行学术性的解读。

从乡村与农村概念比较的角度来看，大部分学者认为“农村”与“乡村”是城市的对立面，并不区分两者在用词上的差异。例如，学者袁镜身在他的《中国乡村建设》一书中，将农村与乡村统一起来进行论述，他认为“乡村是相对于城市的、包括村庄的集镇等各种规模不同的居民点的一个总的社会区域概念。由于它主要是农业生产者居住和从事农业生产的地方，所以称为‘农村’”[1]。针对这一视角，可以看出学者普遍从城市对立的角度进行乡村概念的界定，从而突出乡村与城市之间存在本质的不同，进而形成具有概括性的概念。美国学者 R. 比勒尔指出，在美国早期历史上“农村（或乡村）”指的是人口稀少、面积不大、相对隔绝、以农业作为家庭的主要经济基础，这里的居民生活基本相似，但与社会

[1] 袁镜身 . 中国乡村建设 [M]. 北京：中国社会科学出版社，1987：23-24.

其他部分尤其是城市有所不同的地方[1]。该学者所提出的观点显然与中国乡村发展的实情并不相符，自古以来农业作为中国的支柱型产业，农业人口数量远超城镇人口数量，农业用地更是中国土地面积的绝大多数。因此，根据中国的乡村发展的实际情况，乡村的概念应该为人口众多、所占面积较大、与城镇差距逐渐缩小，同时以农业为家庭收入主要来源的地理区域。

此外，也有一些学者认为“乡村”与“农村”的概念是具有差别的，如秦志华认为乡村与农村虽有较大的重合性，但乡村的范围比农村要大，可以说乡村的绝大部分都是农村地区。另外农村是以农业为基本产业的区域，是一种产业区域的概念；而乡村是乡政权管理的地区，是一种管理区域的概念[2]。该学者主要从区域产业发展和行政管理两个维度，将乡村的概念进行界定，明确指出农村是以农业产业发展为主的区域，而乡村指的是行政管理范围。但是，随着乡村振兴和美丽乡村建设步伐的不断加快，乡村产业化已经成为乡村发展的主要道路，故而乡村所辖范围已经完全包括农村，行政管理的模式显然更有助于产业化发展进程的不断加快。黄细嘉等认为，对于乡村的理解更多的是从生活居住的角度来看，它带有浓厚的文化气息；而对于农村更多的是从生产的角度来理解，意为从事农业活动的人群聚落。可以说，“乡村”聚落的居民不一定是农民[3]。针对这一观点，笔者认为其概念显然具有较强的客观性，能够从文化和生产的性质上将乡村与农村进行区分，其概念界定本身的说服力更强，本书创作就以此概念作为立足点。

从行政区划的角度来看，乡村是由乡镇所辖的行政区划地域实体，它的外延含义是以乡（镇）政府所在地为中心，包含其管辖的全部村庄地域范围[4]。该学者主要从行政区划的角度来界定乡村的概念，他认为乡村往往行政区划较大，农村往往并没有明确的行政管理范围，是一个较为模糊的概念。而该概念界定显然也具有一定的说服力。学者刘冠生认为，乡村是指除直辖市、地级市、县级市、县政府驻地的城关镇以及其他建

---

❶ 周沛．农村社会发展论[M]．南京：南京大学出版社，1998：43-44.

❷ 秦志华．中国乡村社区组织建设[M]．北京：人民出版社，1995：33-34.

❸ 黄细嘉，宋丽娟，黄墨君．论乡村休闲及其对农村经济转型的促进作用[J]．商业时代，2009（11）：109-110.

❹ 王洁钢．农村、乡村概念比较的社会学意义[J]．学术论坛，2001（2）：126-129.

制镇以外的不属于城镇的区域[1]。这一观点显然是围绕乡村发展的形式和规模两个角度进行概念界定，但是其观点更加指向于“城镇”，与“乡村”的概念之间显然还有一定的差异。从社会文化取向定义来看，乡村居民一般被视为具有虔诚的地区信仰、重视家庭、敬重长者，具有强烈的小区意识，并且对社会政治的变迁保持迟疑态度的固守传统价值体系者。

从村民所从事的职业取向定义来看，乡村是以基础工业、农业、林业等作为主导产业形态的区域[2]。该研究观点主要围绕乡村居民的职业性质进行概念界定，充分体现当前乃至未来乡村的发展前景，因此乡村的概念是在质量层面对农村这一概念的升华。综合产业、文化和行政区划方面的定义，许颜杰等认为乡村是以工业、农业、林业为主导产业，并且具有较强传统文化氛围，处于城市以外的社会区域[3]。

本书在创作过程中将不区分“乡村”与“农村”两者在用词上的差异，将乡村等同于农村。乡村是城市以外，以农工林牧副渔为主要产业，具有较强传统乡土文化氛围的社会区域。此外，文中的“乡村”和“村庄”，用词意义相同，但在不同语境下应用不同，一般而言，乡村为农村的泛称，而村庄指代更加具体，可量化。文中将乡村地区个体单元称为村庄，对应我国的建制村概念。

二、乡村色彩

色彩作为一种语言、信息、情感表达的方式，在人们日常生活中已经成为不可缺少的元素。乡村作为人们日常生产劳动的重要环境，色彩的运用显然能够让环境中所蕴含的信息和情感充分表达出来。因此，乡村色彩也成为乡村建设与发展不可缺少的部分。但是笔者在进行搜集这一概念的学术研究成果过程中，发现关于这一概念的学术性研究成果较少，以学者姜丽所提出的相关概念最具学术价值。

姜丽认为乡村色彩是乡村居民环境质量的重要组成部分。乡村色彩

---

❶ 刘冠生．城市、城镇、农村、乡村概念的理解与使用问题[J]. 山东理工大学学报：社会科学版，2005（1）：54-57.

❷ HOGGART K，BULIER H.“Concept” rural development：a geographical perspective[M].London：Croomhelm，1987：22-24.

❸ 许颜杰，马维鸽．民国以来的乡村发展理论综述[J]. 安徽农业科学，2008，36（33）：14811-14814.

本身积淀着乡村的历史，与地理环境和传统民族风俗有着密切的联系。因此，乡村色彩规划具有一定的必要性❶。通过这一概念界定，可以看出在新时代中国乡村建设与发展道路中，乡村振兴和美丽乡村建设必然要展现出新时代应有的精神风貌，而色彩本身具有语言、信息、情感的表达功能，所以乡村色彩更能展现出新时代乡村自身的精神风貌，更是对乡村居民生产生活环境的一种直观展现。

综上所述，乡村色彩是指乡村实体环境中反映出来的所有色彩要素共同形成的、相对综合的、群体的色彩面貌，主要由绿化、建筑、道路以及构筑物等的色彩构成（不在意色彩的构成是否合理，是否符合地方特色）。

三、乡村色彩规划

随着中国乡村振兴战略深化落实和美丽乡村建设步伐的不断加快，乡村经济产业和乡村文化产业的发展进程显然正在不断加快，并且自然生态的恢复与维护的力度也在不断加大，从而确保推动乡村实现高质量发展。在此期间，充分展现乡村的精、气、神就成为当下乡村建设与发展的主要任务，有效进行乡村色彩规划也成为主要任务中的关键一项。但是，从学术研究的角度出发，关于乡村色彩规划的概念研究并不丰富，其中以刘滨谊教授所界定的学术概念较为具体。

刘滨谊教授认为乡村色彩规划是一个可应用于多学科的理论，是对乡村各种景观要素（乡村自然环境、历史文化、民风民俗、人工建筑、景观小品、村聚落景观、生产性景观等）进行统一整体的规划与设计❷。这一研究观点充分体现乡村色彩规划全过程的系统性，所涉及的领域和需要考虑的因素众多，因此这一概念的界定必须具有多层次和多维度两个基本性质。

具体而言，所谓乡村色彩景观规划就是以建设“美丽乡村”等相关村镇规划政策为依据，结合乡村景观规划的有关理论，从乡村景观色彩构成的宏观角度为切入点，以合理有序的规划层次为基础，运用视觉美学理论把色彩景观概念充分融入当地的乡村景观之中，以求达成“传承

❶ 姜丽．浅谈新农村形式下的乡村色彩规划[J]．魅力中国，2009（18）：54-56．

❷ 刘滨谊，陈威．关于中国目前乡村景观规划与建设的思考[J]．小城镇建设，2005（9）：45-47．

乡村文明”的建设目标。

综合本节笔者所阐述的观点，不难发现众多学者针对“乡村”“乡村景观”“乡村景观规划”的概念进行了具体的研究与探索，虽然关于“乡村景观”和“乡村景观规划”的概念界定成果较为单一，但都具有较强的客观性，并且可以看出三者之间存在的联系极为紧密，是中国乡村振兴道路和美丽乡村建设道路建设中必须厘清的概念。

四、乡村景观色彩

（一）乡村景观

乡村作为农民聚居的村庄，具有与城市相反的意义。英国著名城市学家、风景规划与设计师埃比尼泽·霍华德对乡村做了如下定义：乡村通常是以农业生产为主，经济上相对独立的、具有特定社会经济形态以及自然景观特点的地区综合体[1]。相对城市而言，乡村的人口密度较低，社会生产规模较小，以农业生产为主要经济基础，居民生产生活方式及景观结构上与城市具有明显的差别。本书中的乡村是指城市建成区以外的地区，以农业生产为主且处于动态发展中的空间地域系统。

“景观”则是指用眼睛看时，一眼就能理解的所有事物。所谓“景观”，包括“景”和“观”两个方面：“景”是眺望的对象，观是眺望的主体，即人类。因此，将景观定义为根据人类视角捕捉到的空间中的形象、色彩、质感、氛围等视觉思想，似乎更加接近其本来的意义[2]。《现代汉语词典》中，“景观”主要包括两种解释：第一种是指“某地或某种类型的自然风景”，第二种是观赏美学上的概念，“泛指可供观赏的景物[3]”。

目前，学者对乡村景观内涵的界定主要分为以下两种：一是从生态学的角度，乡村景观是在特定地域范围内由不同的空间建构组成的复合

[1] 霍华德．明日的田园城市[M]．金经元，译．北京：商务印书馆，2002：48-51.

[2] 임승빈．환경심리와인간행태 - 친인간적환경설계구[M]．서울：보문당，2007：76.

[3] 谢花林，刘黎明，李蕾．乡村景观规划设计的相关问题探讨[J]．中国园林，2003(3)：39-41.

体，具有不同的美学价值、生态价值、社会价值和经济价值[1]；二是从地理学的角度看，乡村景观是具有特定景观形态、内涵和行为的景观类型[2]，人口密度较小，以自然型的土地利用为主，土地利用粗放，具有明显田园特征的地区[3]。

综上所述，乡村景观是在乡村这一特定地域范围内，综合乡村中各种因素的影响而形成的具有特定自然、经济、艺术、美学和文化价值，可开发利用的受人工因素和自然环境影响的社会综合体。也就是说，农村景观是囊括农村物理、文化生活要素的概念。在经济高速发展的今天，对于乡村景观的研究已成为景观学科的一个前沿领域[4]。它涵盖了诸如社会学、经济学、生态学等众多学科，是一个复杂的生态系统[5]。因此在研究乡村景观时，必须从规划入手，让规划起到控制全局的作用[6]。

（二）乡村景观色彩

借鉴《城市色彩景观规划设计》中对于城市环境色彩所下的定义，我们可以认为乡村景观色彩是以乡村为载体的色彩研究。乡村景观色彩主要由乡村环境中所有能被感知的自然色彩、人工色彩及人文历史色彩组成，除了这三个要素外，在乡村景观色彩规划的研究中，公众对于色彩的感知和评定也直接影响到色彩最终呈现的意义。

自然环境色彩是指空间中能被感知的土壤、岩石、水系、自然植被、日照、气候、天空等自然色[7]，周建国的《自然色配色图典》表示，自然色主要包括4大色域，24组基本色调，720种最常用的自然色，既是色彩的底色，也是形成乡村景观色彩的基础要素。自然色在景观色彩规划中，作为人工元素存在的背景，会在很大程度上影响人工元素色彩的设计和选择，然而人们无法人为地控制自然色，只能在景观色彩规划时，

---

❶ 谢花林，刘黎明，李蕾．乡村景观规划设计的相关问题探讨[J]. 中国园林，2003(3)：39-41.

❷ GILG A. Countryside planning[M].2nd ed. London：Routledge，1978：44-76.

❸ 王云才．乡村景观旅游规划设计的理论与实践[M]. 北京：科学出版社，2004：59.

❹ 刘滨谊．人类聚居环境学引论[J]. 城市规划汇刊，1996(4)：5-11.

❺ 张小林．乡村概念辨析[J]. 地理学报，1998，53(4)：365-367.

❻ 李金苹，张玉钧，刘克锋，等．中国乡村景观规划的思考[J]. 北京农学院学报，2007，22(3)：52-56.

❼ 周建国．自然色配色图典[M]. 北京：科学出版社，2011：69-72.

协同考虑自然色共同参与下的总体色彩效果。因此，对乡村景观色彩进行规划设计时，对非恒定的自然因素也要进行充分考虑。

人工环境色彩往往与色彩规划区域的地理环境、规划思路等有关，同时融入了设计者及使用者自己的审美观点和文化修养。人工色彩根据载体的存在时效，分为恒定性色彩和非恒定性色彩。恒定性色彩指在较长的时间跨度内不发生改变（人不能明显察觉）的色彩或者变化有规律性的色彩，如永久性建筑物、桥梁、路面、铺地、人工植被等表现的色彩；非恒定色彩指在较短的时间跨度内发生改变（人能明显察觉）的色彩，如广告、标示、灯具灯光、行人服饰等的色彩。

历史人文色彩是在乡村历史生存发展过程中，逐渐形成的地域性色彩（图 2–10）。主要是人类在实践过程中依照对环境的认知通过“人化”的手段对周围环境进行改造，因此一切与人类社会文化活动相关的行为都会对其产生一定的影响，如造物行为、地域风俗、伦理制度、文化变迁、服饰文化等。人类在创造或改造具有色彩的形象时所体现的目的性的实践，与所处的地域、时代和文化背景紧密相连，体现出色彩发展过程中一种规律的积累和异化。本次在对景观色彩案例进行研究时，会对研究区域的色彩现象进行分析，通过查阅村落资料、拍摄人文景观，发现这些存在其中的色彩人文特质。

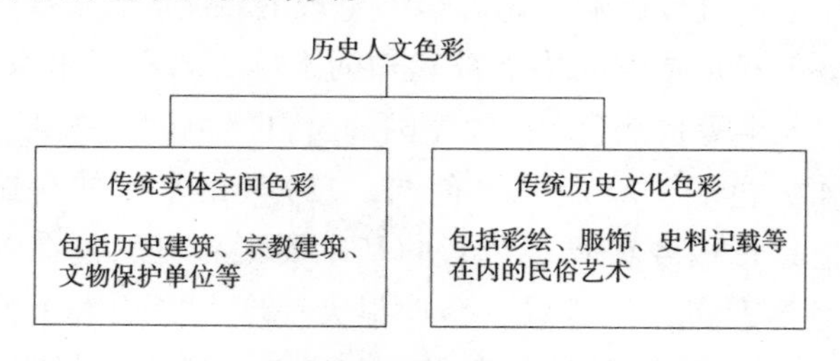

图 2–10　历史色彩的分析对象

公众意向色彩就是从公众感知的角度出发，对村落现状的环境基地色彩及历史人文色彩进行评价和偏好的分析，从中探讨现状色彩景观存在的不足及需要改进的方向，为进一步提出相关建议和策略提供依据。《城市意向》一书中指出“似乎任何一个城市，都存在一个由许多人意象复合而成的公众意象，或者说一系列的公共意象。”笔者认为，不论是城市还是乡村都存在公众意向的形象，日本色彩与设计研究所在 1977 年也提出了色彩意向的说法。因此，一个优秀的乡村色彩景观和都灵黄、雅典白等城市色彩意向一样，既要继承历史传统，体现地方特色，也应该是高度可意象的。公众意向色彩包括对现状色彩景观的感知评价及色彩景观意向偏好，影响色彩偏好的因素包括色彩的本身属性和个人特性。目前多数的色彩景观规划只注重环境基底色彩的客观分析，没有考虑公众对色彩的认同感，导致出现了不少雷同的色彩规划设计方案，因此在色彩的实际运用中，要了解公众对色彩的感知评价和意向偏好，具体如图 2-11 所示。

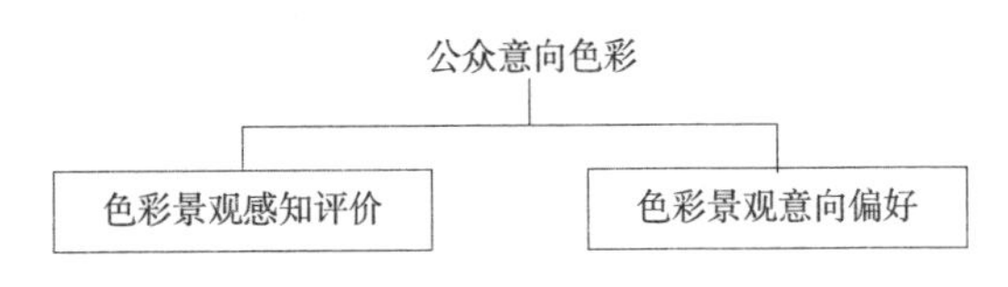

图 2-11　公众意向色彩的分析对象

五、地域

（一）地域

地域即在地化（locality），是指具有一定范围的连续而不分离的空间单位[1]。地域不仅包括空间上的自然景观，而且包括当地人群在改造自然时形成的人为景观，这种景观以地域人群独特的生活习惯和思维特征为载体，使地域具备地域特征，与外区域区别开来[2]。地域文化的特征关系到景观设计的表达方式以及设计风格的形成，脱离地域文化的色彩规划是毫无意义的。

（二）地域文化

地域文化是指地理上有各种不同的区域，每一区域又因地区的不同而出现的不同的次文化[3]。地域文化不仅是一种历史沉淀，同样也是一个地

❶ 中国大百科全书出版社编辑部．中国大百科全书：地理学[M]．北京：中国大百科全书出版社，1992：340.

❷ 阿恩海姆．艺术与视知觉[M]．滕守尧，朱弧源，译．成都：四川人民出版社，1998：85-90.

❸ 覃蕾蕾．地域文化在景观规划中的应用——以重庆地区为例[J]．现代园艺，2022，45（4）：33-34.

区及民族内部的行为习俗和价值观念上相互认同的基础。地域文化，就是在一定的地域条件下，由该地域的社会体制、经济、宗教、民俗等某种特定的意识形态、价值观念与行为方式，在该区域不断的发展、遗传与积淀下来的文化形态。它包括当地的主流文化、社会科学文化、民俗文化等方面。地域文化是人类活动的历史纪录、文化传承的载体，集合物质形态文化与非物质形态习俗文化于一身，自成一体的格局是传统地域文化景观的主要特点之一，具有传承性、地域性和民族性的特征，并不断更新。

（三）地域色彩

地域色彩是地域文化的重要组成部分，是该地区地理气候等自然条件、文化传统共同作用下，形成的相对稳定的色彩风格面貌和色彩认知习惯[❶]。虽然和自然环境关联很大，但地域色彩不是指单纯的自然色彩，而是在与自然相互作用下形成和表现出来的，包括自然色彩和人文色彩的总和，强调的重点是色彩的人文方面。

地域色彩的形成是人文因素和自然因素综合的结果。广义的地域色彩包含同一地域内建筑、生活器物、服装等一切物品的色彩。狭义的地域色彩即本书所研究的内容，是以建筑为核心所构成的人居环境色彩，包括城市及乡土聚落色彩的地域性特征。地域色彩随地理空间的不同而呈现出迥异的风格和面貌。

第三节　乡村色彩的历史缘起

由于影响乡村景观色彩规划能否与时代发展背景高度一致，并且能否引领乡村高质量发展的因素有很多，所以在进行研究与探索的道路中，必须从历史中总结经验，在经验中获得答案。因此，探明乡村色彩的历史缘起至关重要，本节笔者就以此为立足点，先通过分析色彩的历史缘起，说明色彩在人类社会出现并使用的缘由基础上，将乡村色彩的历史缘起进行表述。

❶ 李永婕，闫秋月．基于视觉显著性的地域色彩提取及设计应用[J].包装工程，2021，42（16）：45-46.

一、色彩的历史缘起

从人类是有颜色的起源来看，早在15万～20万年前，人们在原始社会遗址中就已经发掘出与遗物共同埋葬的红土，以及涂成红色的骨器，而这些遗物显然是原始社会人在劳动过程中，为了表达内心情感而精心制作的，同时也说明红色是原始社会人生命的象征。另外，在该领域还有学者认为，早在原始社会，人们就将红色视为鲜血的颜色，将其涂抹在身体或劳动工具上，不仅是人们对自己威力的一种崇拜，同时也有征服自然的寓意，这显然是人类色彩文化的起源所在。

二、乡村色彩的历史缘起

"乡村色彩源于自然，所以是自然的、经过历史洗刷的，是四季分明的，是人与乡村息息相关的，是充满人文主义的，这一切的色彩往往会令人神往。"事实也确实如此，村落的形成就意味着乡村色彩的出现。早在东汉时期就已经出现"农村"二字，主要描述了以从事农业生产为主的农业人口居住的地区，是同城市相对应的区域，具有特定的自然景观和社会经济条件，也叫乡村。建筑材料显然都存在于自然界之中，因此原生态色彩也是乡村色彩最初的体现。

色彩作为一种视角反映，它成为我们生活中的一部分，任何物体首先映入我们眼帘的就是它的色彩，世界也因色彩的五彩斑斓而充满多样性。同时，色彩作为一种文化信息的传递媒介，人们赋予它更多的文化。它含有人们附加在其上的内涵，在一定程度上代表了一种社区的文化（如代表城市文化的城市色彩，代表乡村文化的乡村色彩），表达出一种宗教、等级、方位等观念（如中国传统的皇宫建筑多用金黄色，民间建筑多用青灰色）。乡村色彩作为一种源自大自然的本体性色彩，一种自然的景观艺术，反映的是一种平和、幽静深邃的审美情趣。这种平和、幽静深邃的审美情趣用于乡村建筑上，会让人自然而然地对这些建筑产生可靠感、亲近感和温馨感。因为在这些乡土建筑里包含着自然要素、历史文化要素和人的现实生活要素，它在体现出建筑的实用性和审美性统一的同时，也更能寄托人的梦想，承载人的理念，安顿人的心灵。

第四节　乡村色彩规划的相关研究

毋庸置疑的是，任何一项研究活动的开展都需要站在他人的肩膀之上进行，这样研究的起点更高，并且研究成果更能突显其价值性。针对乡村景观色彩规划研究而言更是如此。接下来笔者就先通过图 2–12，将有关研究成果以最直观的视觉表达方式呈现，并随之在本节正文中有针对性地做出明确阐述。

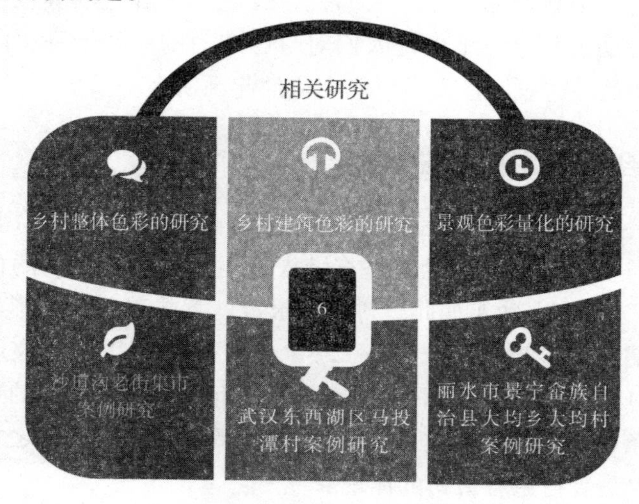

图 2–12　乡村色彩规划研究成果

如图 2–12 所示，当前国内关于乡村色彩规划的研究已经取得丰硕的成果，无论是在理论研究还是实践研究方面，都能为本书创作提供强有力的支撑。为此，本节笔者就立足该领域研究所取得的成果进行深入分析，进而为本书夯实理论与实践基础。

一、乡村整体色彩的研究

随着经济的发展，从新农村建设到美丽乡村，乡村色彩开始逐渐受到关注。在辛艺峰的《南方喀斯特地区城镇地域特色塑造中的环境色彩设计研究——以贵州荔波县城区为例》中，通过对环境色彩与城镇地域特色塑造等相关概念的解析，将环境色彩设计导入城镇地域特色塑造来进行研究[1]。吴伟、荀爱萍发表的《特色导向的小城镇色彩规划——以山东省沂源县为例》是一个针对山东地区特色小镇的色彩规划，文章通过对山东省沂源县进行调研，提出色彩规划应兼具色彩的秩序与色彩的活力[2]。徐文辉的文章《乡村色彩景观规划实践——浙江省丽水市景宁畲族自治县大均乡大均村色彩景观规划为例》，梳理出大均村中点、线、面色彩景观的规划内容及特点，并从乡村景观色彩构成的角度出发，对大均村的色彩景观进行有序的整治、重建、恢复，打造整体和谐、富有地方特色的乡村品牌，从而改善乡村人居环境质量[3]。本研究旨在对农业村落进行环境色彩规划，使其与周边景观形成良好的融合，在更广泛的意义上形成自然的村落景观，与周边区域的景观保持和谐。

以地域色彩文化为切入点的研究在我国近二十年内迅速增加。湖南大学黄茜的博士论文《凤凰县域色彩原型探源与活化运用研究》以凤凰县域色彩原型为研究对象，通过实地调研、文献查询、色彩数据量化分析、对比分析等方法，对该地区的色彩原型进行挖掘与梳理。研究过程中，借鉴了色彩基础理论、色彩心理学，色彩民俗学、色彩地理学、城市色彩设计学、苗学等多个学科的理论，利用 NCD 色彩体系的架构与分析方法，对土壤色彩、植被色彩、传统建筑色彩、服饰色彩、工艺美术色彩等进行色彩记录和分析，归纳出有一定参考价值的色彩原型研究方法和初步成果。这些研究成果对本书研究思路有着借鉴作用。临五渊在韩国忠清南道环境色彩现状调查分析中，分析了自然环境色彩和人工景观色彩，人工景观色彩分为传统建筑和现代建筑来分析[4]。

---

[1] 辛艺峰．南方喀斯特地区城镇地域特色塑造中的环境色彩设计研究——以贵州荔波县城区为例 [C]. 纪念中国流行色协会成立三十周年：2012 中国流行色协会学术年会学术论文集，2012.

[2] 吴伟，荀爱萍．特色导向的小城镇色彩规划——以山东省沂源县为例 [J]. 中国园林，2010（4）：66-70.

[3] 徐文辉，王琛颖．乡村色彩景观规划实践 浙江省丽水市景宁畲族自治县大均乡大均村色彩景观规划为例 [J]. 农业科技与信息（现代园林），2010（8）：1-4.

[4] 임오연．충청남도환경색채의현황조사및분석 [J]. 한국색채학회지，2010，24（3）：101-109.

二、乡村建筑色彩的研究

乡村建筑色彩的研究主要集中在色彩与建筑文化的关系上，包括色彩的地域性、用色偏好、建筑材料等，同时对村落建筑色彩的保护途径以及在现代城市色彩规划中的应用等问题进行讨论[1]。

中国美术学院胡沂佳副教授在《色彩之于场所精神的向度研究》中，从场所精神的维度出发，剖析了江南乡镇“粉墙黛瓦”的色彩机制，将色彩置入场所、基因仿生与结构、质色与物象、粉刷与拼贴及知觉与氛围这五个核心向度来讨论，建构建筑色彩本体性研究的方法论体系与理论模型。罗庚昕在《冀南山区传统村落建筑色彩地域性研究》中，从自然环境、人文环境、建筑技术材料三个主要建筑色彩影响因素入手，结合色彩地理学与色彩心理学，对冀南山区传统村落建筑色彩进行分析研究，阐述了传统村落建筑色彩的研究在回归自然、回归传统文化、“留住乡愁”中起着重要的作用[2]。

丁昶在《藏族建筑色彩体系特征分析》中立足于自然环境和人文环境独特的背景之下，从建筑环境、建筑文化以及建筑技术和材料的角度系统追溯了建筑色彩的起源及形成，并根据历史发展、现实情况通过研究发现了藏族建筑色彩体系化的构成及表达规律[3]。仝晓晓在博士论文《徐州地区新农村建设中庭院建筑与景观设计研究》中，强调地方特色，重视本土文化的传承，通过对传统农宅生活与生产空间的再造，以及设计中对乡土材料的使用，使新农家庭院建筑与景观从功能到文化都能展现出浓厚的地域特征[4]。

三、景观色彩量化的研究

景观色彩量化的研究主要集中在探讨景观色彩构成相关环节应用量

---

❶ 胡沂佳．集结与涌现——江南乡镇建筑色彩的场所精神 [D]. 杭州：中国美术学院，2016.

❷ 罗庚昕，王晓冬．冀南山区传统村落建筑色彩地域性研究 [J]. 山西建筑，2017，43（13）：16-18.

❸ 丁昶，刘加平．藏族建筑色彩体系特征分析 [J]. 西安建筑科技大学学报（自然科学版），2009，41（3）：375-379，384.

❹ 仝晓晓．徐州地区新农村建设中庭院建筑与景观设计研究 [D]. 长沙：湖南农业大学，2021.

化分析研究的可行性，搭建景观色彩元素量化研究的技术路径，基于色彩数字化技术，量化研究景园色彩构成的理论与方法，对色彩数字技术应用的可操作性进行分析。在这一领域，陈小燕以金鸡湖景观区为例，以保持高质量的娱乐体验和减少景观脆弱性，结合景观生态效益与景观美学效益以及服务功能定位，通过定量的手法衡量及评估城市山地型公园的各项表征维度，并结合城市山地型公园已有的规划方案，提出城市山地型公园景观优化方案，以期为城市山地型公园的生态保护与开发，福州市城市绿地系统生态保护与开发工作，以及城市山地公园的规划设计提供参考价值。

谭明在《景园色彩构成量化研究——以南京地区为例》中以典型景园环境色彩构成为研究案例，以色彩学、色度学的颜色计量模型为标准，通过色彩数字化技术，提取环境色彩数据作为设计依据，从景园色彩的量化方法、景园空间的色彩构成、景园配色的共性规律三个层面，探讨了景园色彩构成量化研究的理论与方法[1]。余孟骁以新都桂湖、新繁东湖和崇州罨画池为研究对象，归纳出了园林建筑的 88 张设色样式图和各类典型色，借助 NCS 色研体的色相环与黑度对彩度描点图，进一步分析了园林建筑各种色彩的特征，与园林植物的四季叶色、花色及果色特征，从而总结出了西蜀衙署园林的园林建筑设色模式，及园林植物四季色彩变化规律[2]。

四、色彩介入乡村集市的方式手法——以沙道沟老街集市为例

美国学者凯文·林奇在《城市意象》中认为“任何一个城市，都存在一个由许多人意象复合而成的公共意象，或是一系列的公共意象”，乡村与城市存在着不同，但乡村也是一个群体的聚居空间，同样会存在道路、边界、区域、节点、标志物等不同的意象元素，由这些元素共同构成一个公共的意向空间[3]。也就是说，在进行乡村景观色彩设计与规划的过程中，要区别于城市景观色彩设计与规划，要综合考虑乡村所处地域

[1] 谭明．景园色彩构成量化研究——以南京地区为例 [D]. 东南大学，2019.

[2] 余孟骁．西蜀衙署园林景观色彩量化研究 [D]. 雅安：四川农业大学，2018.

[3] 林奇．城市意象 [M]. 方益萍，何晓军，译．北京：华夏出版社，2017：82.

不同，乡村历史背景不同，乡村文化传承、弘扬、发展现实的不同，以及自然环境不同等多方面影响因素，进而才能确保乡村景观色彩规划的效果更加趋于理想化。对此，在乡村集市的景观色彩规划过程中，可将色彩体系的应用作为色彩介入手法，具体操作在于首先确定“显”和“隐”的关系，再将色彩植入不同的空间元素，才能达到对沙道沟老街集市的有效更新。

（一）道路

凯文·林奇认为“道路是绝对的主导元素”[1]，道路同时也是线性元素，从人在乡村道路活动的感知来讲，道路的色彩影响因素并不在其本身，更多的是在道路两侧的建筑、公共设施、标识导视等。

具体而言，乡村道路应作为乡村景观色彩规划重点关注的对象，其原因在于景观色彩的功能性与导视性的体现并非道路本身，道路沿线的建筑、花草、指示牌等往往可以充分体现色彩功能作用，故而景观色彩规划应将道路视为重中之重。

沙道沟老街集市处于十字交叉路口，因此在研究道路的色彩影响因素时，以人的速度为线索，将道路的色彩影响因素分为以下两个部分：

1. 老街集市主干道（步行道）

笔者在进行老街集市空间构成的剖面分析中，明确指出老街集市步行道的高度与宽度比。

在实地调研中，步行道的宽度在 0.6 ～ 3.3 米，高度不等，高度与宽度平均比在 1 米左右，是典型的窄马路、密路网平面布局，同时其立面色彩单一，为传统建筑原有的原木色，没有层次变化，行走在巷道中有压抑感，但是街道传统文化气息极为浓郁，营造出了极为理想的文化氛围。除此之外，道路本身的铺装是土家族用长条形石头铺成特有的“八字形”，由于荒废年限较久，其上长满了青苔。在这种情况下，步行道两旁的建筑立面色彩需要进行得当设计（图 2–13）。

[1] 林奇．城市意象 [M]．方益萍，何晓军，译．北京：华夏出版社，2017：89.

图 2-13　沙道沟老街集市铺装及街巷

具体操作设计者则从两方面入手：

（1）建筑本身的改造应该遵循“隐性”模式，不破坏建筑本身统一的美感，可以通过提高色彩的明度，减少由光线不足与过于暗沉的原木色带来的沉闷感，在色谱中选取中高明度的暖色系，色彩可以参考建筑本身的原木色进行适量的调整，在需要进行更替的墙面，就地取材替换为浅色系的木板。这样的操作显然可以带给人们一种温暖感，因为暖色调在人们内心之中的调节功能极为明显，让人们感受到仿佛有阳光般的滋润。另外，浅色系的色彩还可以让人们感受到水润般的滋养，进而体现建筑环境本身所具有的清新感。也可以在悬挑出来的二层建筑空间下檐，通过添加暖色系的光照，同样可以在不改变木板本身的情况下，达到提高其明度的目的。

（2）在局部的改造设计中，可以选择“显性”模式，在人视线的高度，添加色谱中的点缀色及人文色在通商窗檐、地面石板，甚至于通商窗口的下檐增添鲜花等方式，从而在狭长的巷道中人为改变由连续单一色彩构成的建筑立面，为建筑色彩增添层次感。这样的规划可以让人们既感受到色彩元素的丰富性，又感受到色彩搭配本身所具有的和谐性，进而为人们营造出较为生动、和谐的色彩氛围。

2. 老街集市临街主干道（车行道）

在乡村，即使是中低速行驶的车行道，其道路宽度也在 15 米左右，对于乡村绝对高度不高的传统建筑来说，高度与宽度比往往要 > 1，对于车行的司机与乘客来讲，由于视点的降低和车内空间的限制，能看到的更多是建筑立面的连续性、标志物与远处的标识导视等。因此在这种情况下，道路临街的建筑立面更应该注重的是色彩的连续性，避免出现太多不同的大面积色彩，以及在道路这种显性空间中加入类似的点状色彩，强调色彩的连续性，给予观者一种空间色彩的连续感。简单来说，就是在乡村街道的景观色彩规划中，高度重视色彩的丰富性，同时更注重色彩本身的连续性，使色彩之间能够形成有效过渡，进而确保人们行走在路上，不会出现因色彩过于跳动导致视觉系统不适的情况出现。例如，在道路的路灯、标识导视系统加入色彩谱系中的人文色彩，强化人在乡村活动中的人文色彩，凸显出独特的地域文化。

（二）区域

区域的尺度比其他要素明显要大，并且很多时候包含其他类似道路、节点的因素，因此区域色彩是一个整体的色彩感知的体现。但是由于人视野的局限性，不可能完整看到一整个区域的色彩，因此人对一整个区域的色彩感知，是由一个一个的局部组合而成，通过叠加形成一整个区域的色彩感知。因此进行色彩实践时，并不是简单地在总平图上划分一个一个的区域，为其选择不同的主调色，而是将每个局部的色彩做出某些共性或者个性，通过这些不同的因素塑造出不同的局部，从而形成完整的区域色彩。

具体而言，就是每个区域不需要有不同的主色调，而是要结合区域景观的主体，围绕各种因素确立固定的主色调。其中，所选定的主色调既要符合地域自然环境因素所提出的要求，同时还要充分彰显乡村人文风情，让优秀传统文化思想和内涵得到充分展现，由此突出乡村景观色彩所独有的特色。在这种情况下，乡村景观色彩的区域通过功能可以简单分为自然景观与人文景观区域。

1. 自然景观区域

与城市不同的是，乡村拥有大量的自然景观，有广袤的农田、丰富的植被，因此在自然景观为主的区域，应当采用“隐性”模式，减少大面积的人为色彩干预，同时突出自然景观色彩的特点。由于自然景观往往能够呈现出原生态的色彩，所以不需要进行过多的人为干预，只要进行简单的农作物、绿色植被、花草的外观修剪即可，进而让自然景观以最理想的姿态呈现在人们面前。例如，沙道沟老街集市前的大面积自然河流冲击而形成的空地，在做景观规划与设计时，应当以当地的自然环境色彩为主导，采用“生态景观”的景观模式，将农田、有观赏价值的植被、农作物相结合，做到将人为景观与自然景观相融合。

2. 人文景观区域

沙道沟老街集市的主街道及建筑主体便是区域内的人文景观区域，老街集市的传统吊脚楼从类型上分为“一字型”，与“L 型”与“U 型”所不同的是，“一字型”的吊脚楼结构最为简单。在以前这条“川盐古道”由于是商住一体，因此都是独栋的建筑，现阶段老街荒废许久，已经丧失了居住功能。土家族传统吊脚楼都是穿斗式木结构，屋架是整栋建筑的支撑结构，其墙面均由可拆卸的木板构成。对此，在进行建筑色彩规划的过程中，需要针对建筑本身的功能性予以恢复，并且还要采用较为理想的建筑材料，方可确保景观色彩搭配高度合理成为现实。具体而言，对于老街集市的改造首先可以从区域空间的融合开始，拆卸部分“一字型”吊脚楼的墙面木板，使其构成一个连续的室内空间，同时将部分空间开放，减少狭窄巷道带来的局促感。

除此之外，建筑内部的区域空间由室内空间的色彩构成，与建筑立面色彩不同的是，主体建筑的立面采用的是“隐性”模式，将集市整体色彩的主调色仍然控制在传统建筑原有的色彩体系之内，使其与自然环境与历史背景相融合，而集市的室内空间则可以选择“显性”模式，将人文色彩尽可能多地体现出来。这就要求在进行色彩规划的过程中，必须在色谱的选择上保持高度合理，要将人们心中向往的色彩充分表达出来。在这里，选择色谱中明亮、欢快的色彩进行搭配，例如西兰卡普的构成色系等，可以强化民族独特的地域文化色彩，最终通过自然景观色彩与人文景观色两个层次，形成完整的乡村景观色彩感知。

（三）节点

凯文·林奇认为“节点是观察者可以进入的焦点”“也是可以停留的典型空间”“强烈的色彩特征也许并不是一个节点所必须需要的，但具有鲜明色彩特质的节点可以给人更加深刻的印象”[1]。根据凯文·林奇的理论，可以将节点分为连接点和聚集点。具体来讲，节点自身所承载的功能和作用往往存在明显的不同，将其充分发挥出来必然会让色彩在每个节点展现出较为理想的效果。因此，在乡村景观规划过程中，节点应分

[1] 林奇．城市意象[M]．方益萍，何晓军，译．北京：华夏出版社，2017：110.

为连接点和聚集点两种，其作用和功能显然在于连接、聚集两方面。在沙道沟老街集市的改造范围中，公认的主要节点有：老街旁的广场空间（聚集点）、滨河亲水平台（聚集点）、老街入口空间（连接点）等，笔者在此主要将以上三个节点作为主要讨论对象。

1. 广场

沙道沟老街集市旁沿河有一个广场空间，会在固定日期举办集市，但广场仅为水泥铺地及有少量水泥灌注的售卖台，色彩构成为单一的灰色系，与目前国内大部分的乡村集市并无不同。在这种情况下，需要将乡村独特的地域文化色彩在广场空间进行植入。详细来讲，由于广场作为人群较为聚集的场所，因此在景观色彩规划过程中，必须突显出乡村独有的特色，乡村文化显然是最为重要的名片，所以在该景观色彩规划的过程中，必须把具有文化象征意义的色彩植入进来。例如，广场的主调色由于空间较大，可以选择“隐”，减小乡村中的大尺度人为空间，削弱其边界感。另外，广场的铺装、集市摊位的设置均可以选择“显”，加入人文色彩的元素，强化地域特色。

2. 滨河亲水平台

滨河亲水平台是沿河留的缓冲区，与自然生态景观相融合。步行平台拥有链接功能，而节点具有聚集性的功能，在这种情况下可以选择色谱中的主调色，减少沿河流的线性关系。其中，原木色往往是最理想的选择，既能彰显自然生态固有的颜色，又能让色彩与自然生态融入其中。

3. 老街入口空间

老街集市的入口空间是狭窄巷道中为数不多的宽敞节点，在这种情况下，可以选择“显性”色彩模式，将人文色植入其中，使人产生强烈的色彩印象。老街入口往往会给人们留下第一印象，所以在景观色彩规划的过程之中，必须充分彰显出人文特点，让浓厚的地域风情和文化底蕴尽显无遗，其色彩元素要体现出丰富性和诱目性两个基本特征。

（四）标志物

“标志物是一个区域内的参照物。”[1]凯文·林奇认为，标志物通常是一个定义简单的有形物，观察者都是站在标志物的外侧，并不会进

[1] 林奇．城市意象[M]．方益萍，何晓军，译．北京：华夏出版社，2017：125.

到其中。标志物的尺寸、体量都较大，同时具有区域唯一性，在整个环境中能够给人留下深刻记忆，因此无论从哪个角度来讲，标志物的色彩感知都是较为强烈的，笔者在宣恩县土家族地区设计的标志性雕塑如下。

土家遗风：在进入宣恩县的一处快速路的空旷处，设立了一组标志物雕塑，雕塑提取了土家特色文化中的传统建筑吊脚楼的构件——刀背梁，通过解构重组形成错落不一的主体结构，配合土家特色人文景观摆手舞，重现了极具土家特色的标志场景。由于乡村与城市的不同，不存在明显的区域边界，因此在边界处添加一组人文色彩强烈的标志物，可以令观者刚刚进入土家族特色文化区的时候，强化其人文色彩的印象与感知。同时，标志物的色彩采用“显性”模式，由于标志物位处于快速路不远处，色彩关系上需要进行人为的强化与加强，采用土家族色彩谱系中人文色彩常用的“红色”，红色也是土家族人极为喜爱的代表色，可以在强化区域感的同时，不破坏实际的边界。

五、湖北省乡村色彩实际案例分析——武汉东西湖区码头潭村

规划基址位于湖北省武汉市东西湖区径河街三店的码头潭村，南临金山大道，北靠新城一路，东临规划道路，西至规划的七彩北路。通过考察该村发展规划的现实情况，不难发现该村极为重视发展规模的扩大化，以及空间布局的合理化，而这也为该村发展形式的改变奠定了坚实基础。其规划建设区域总面积约 38 公顷，其中省级文物遗址保护区域面积 0.82 公顷，水域面积约 12 公顷。接下来笔者就通过最直观的形式呈现该村景观色彩规划的总体流程，具体如图 2-14 所示。

通过图 2-14，可以看出该村景观色彩规划方案极为系统，不仅包括前期调研工作，还针对其调研结果进行有效的总结与分析，以确保乡村景观色彩规划的合理性。接下来，笔者就立足上图所呈现出的五个基本步骤做出详细阐述，希望能够为研究提供充足的成功经验，具体如下：

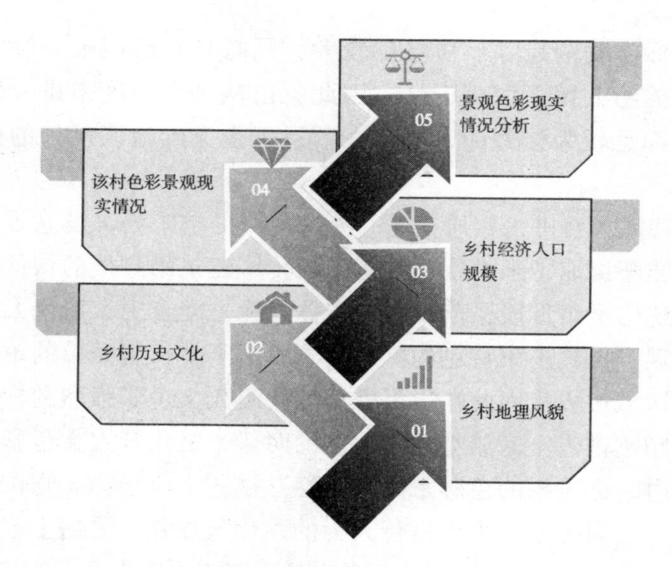

图 2-14　码头潭村景观色彩规划方案

（一）乡村地理风貌

东西湖区地貌属岗边湖积平原，中间低、四周高，自西向东倾斜，状如盆碟。该区域水域资源广阔，降水充沛，植被覆盖率高，且马投潭遗址位于码头潭湾西部的一高台丘垄地上。东西湖区光照充足，属北亚热带季风气候区，雨量充沛、水源丰富、四季分明。通过该村所处的地理位置，不难发现自然环境条件具有较为明显的优势，有助于乡村景观色彩规划呈现出较为理想的效果。

（二）乡村历史文化

1. 古遗址调查

码头潭遗址位于码头潭湾西部的一高台丘垄地上，于 1984 年首次发现，当时考古结论表明，码头潭遗址属晚期屈家岭文化至湖北龙山文化时期遗存，距今 4500 ～ 4000 年。1986 年 10 月，码头潭遗址被列为省级文物保护单位。该文化遗址显然是优秀传统文化的发祥地之一，更是该村极为有力的文化资源。对此，在乡村景观色彩规划的过程中，必须将其资源优势充分彰显出来。

根据第三次全国文物普查的调查资料，确定码头潭遗址的保护范围为东西长 90 米，南北宽 85 米。现在山丘北部列有码头潭遗址界碑，标示码头潭遗址所在，但没有明确划定码头潭遗址保护范围。2013 年再一次对遗址进行文物调查、勘测工作，得出《码头潭遗址公园文物调查、勘探工作报告》，根据该报告结论，码头潭遗址为仰韶文化后岗类型的新石器时期遗址，距今 6500 ～ 5500 年。这充分说明该文化遗址在中华优秀传统文化的传承、弘扬、发展道路中有着举足轻重的地位，将其作为该村的文化名片，可以彰显出该村在当代乃至未来社会发展中的历史价值和文化价值。

码头潭遗址面积约为 10 800 平方米，遗址范围主要围绕现存的高台地分布。遗址北部边界为新城一路南约 30 米，基本位于现存的“码头潭遗址保护牌”的位置；遗址东部边界位于雷达站东约 20 米的一田间小路上；遗址南部边界位于高台地南部的桔园内；遗址西部边界位于高台地的西部边缘。从现有的规划布局来看，传统与现代相结合的思想显然已经得到体现，但是仅仅做到相互结合，并未真正实现相互融合，而这也正是该村今后的重点发展方向。

2. 历史建筑调查

码头潭村内有清末民初的古民居 1 处，是近现代重要史迹及代表性建筑，已被列为区级文物保护单位。该传统建筑作为该村近代文化的象征，不仅是对该村历史地位的客观说明，更能彰显该村拥有深厚的文化底蕴。

3. 村落历史沿革

码头潭村民 150 余户，根据现场访谈和史料调查，该村落可溯至明代。根据 1927 年的军事地图，可推断“码头潭”的名称由来。这一时期，该地名为“马涂潭”而非现名“码头潭”。地图中显示，该地东有“涂家院子”，北有“马家庙”，“马涂潭”的名称应该是源于早期聚族而居的村落。结合当前该村发展的规模，不难发现随着历史车轮的转动，该村发展速度较快，究其根源在于该村不仅有得天独厚的地域自然资源，同时还有较为深厚的文化底蕴作为支撑，由此成就该村在当代社会的发展现状。

另外，“涂”与“投”二字在武汉话中发音相同，才由古“马涂潭”变成“马投潭”（现又变为码头潭）。1950 年以后，在村东填水建设滨家嘴村。

（三）乡村经济人口规模

现规划范围内居住总人数393人，其中农业人口占95%以上，由码头潭和滨家嘴两个村组构成。其中码头潭村组有155户居民，滨家嘴村组有7户居民。村庄内大部分青壮年进城务工，常住人口以老人、小孩居多。结合20世纪50年代至今该村的发展成果，可以看出该村人口规模正在不断扩大，同时也呈现出农业产业化发展的大趋势，为该村区域规划的功能化发展打下了坚实基础。

（四）码头潭色彩景观现实情况

规划范围内整体环境空间格局由丘垄、村舍、潭水、田野构成。

丘陵：基地西部为一垄起丘陵，其形状为椭圆形，山丘上植被繁盛，层峦叠嶂，古人类遗址在这里发现。1947年在丘陵顶上建有碉堡，1980年代在丘陵顶上又建立军事通信单位。

村舍：根据现场访谈和史料调查，该地村落可溯至明代。村庄背山面水，呈东西带状布局，经过数百年变迁，村中尚存几处传统民居形态，此中以码头潭72号（王氏老屋）为代表。1980年代之后，码头潭村开始部分占山建设。

潭水：从1927年及1935年的地图可判读，东西湖区的东湖（今金银湖）和西湖原为面积广阔的大湖水面，码头潭村周边曾经水网密布，码头潭村本身曾经为东、西湖的联系通道，并与西面汉水相通，故码头潭曾作为古航运通道。1950年以前码头潭的水体面积仍然较大，整个规划范围内的水域几乎是彼此相连的。1950年代之后，由于建设东西湖农场，西湖被填湖造田，东湖（今金银湖）也大面积缩小，码头潭基本成为孤立水潭。

田野：基地北部主要为湿地及田野，1950年代开始，村民填水做农地，湿地减少。现在主要种植苗圃，还有桃园、桔园、葡萄园等果树种植林。

（五）码头潭景观色彩现实情况分析

1. 自然景观色彩

码头潭自然景观色彩丰富，有山有水，植被丰富。区域内西部为丘陵，山丘上植被繁盛，层峦叠嶂，古人类遗址在这里发现；区域入口有一水潭，潭中水生植被繁茂，鱼虾成群，夏季赏荷成为当地一景；基地北部主要为湿地以及田野，如今主要种有苗圃、果园。对于这些优秀的自然景观我们理应保护提炼，并制作区域色彩色谱，将之定为该区域基地色彩景观。自然景观显然是上苍所赋予，因此在进行自然景观色彩规划过程中，要尊重其原生态和天然性，保留自然生态固有色彩的同时，可将鲜花等色彩元素作为点缀，能够让自然景观色彩更加和谐。

2. 人文景观色彩

1984 年在基地西部的椭圆形丘陵发现的码头潭遗址，比龙山文化更早，具有非常高的历史文化价值，彰显了该村深厚的文化底蕴，同时也为人文景观色彩规划与设计指明了方向。

该遗址文化层堆积较厚，为 150 ～ 510 厘米，通过考古调查及勘探工作，采集了大量的文物标本，发现有少量石器，主要为石锛、石凿。陶器以钵、碗、鼎的数量最多，其代表性的器物是红顶钵及柱状鼎，红顶钵口沿下有一红色宽道，腹以下为灰色，鼎以柱状足为主，扁足次之。

我们应挖掘提炼该区域文化色彩，亦可参考日本熊本县，以构筑“熊本熊”吉祥物的模式结合当地文化色彩打造景区特色。除此之外，还可以参考国内知名文化村落建设与发展所总结出的成功经验，让具有文化气质的乡村色彩充分展现在人们面前，进而确保该村人文景观色彩规划尽显文化性、艺术性、创新性。

3. 人工景观色彩

码头潭村组及滨家嘴村组民宅为规划范围内的主要建筑，其中码头潭村组内有清末民初的古民居 1 处，是能反映当地近现代建筑风貌的代表，属于区级保护文物。另有传统风貌建筑有 6 处（图 2–15）。

我们可以从一类风貌建筑中总结提炼建筑色彩，以此为色谱统一整体建筑群落色彩，拆除那些与当地风貌色彩不协调的四类建（构）筑物。其间，既要根据人们现代艺术审美的具体需要，又要结合该村所独有的文化特色，以及所处地域的自然环境因素，将建筑景观色彩的主色调和辅助色按照色彩组合规律进行合理选择。

图 2–15　王氏老屋和历史风貌建筑色彩

对于不太具有历史建筑特色的三类一般砖混建筑，我们对其采取改造的做法，也就是依据当地传统风貌建筑色彩，使用传统技术和传统材料改造这些砖混建筑，以求该批建筑通过改造后能融入当地传统建筑色系；对于历史风貌比较协调的二类建筑，我们应在保持其自身色彩的同时，对少许破损建筑进行修复。

六、浙江省乡村色彩景观规划案例实证分析——丽水市景宁畲族自治县大均乡大均村

众所周知，在乡村景观规划过程中，总体方针、原则、标准相同，但规划的方案却普遍存在显著差异，其原因主要在于乡村所处地理位置和文化背景各不相同，因此地理环境因素和人文因素所产生的影响也存在明显的差异性，而这些显然为科学制订乡村景观色彩规划方案提供了丰富的经验。丽水市景宁畲族自治县大均乡大均村乡村景观色彩规划方案就极具代表性。下面，笔者就先通过图 2–16，将其方案做出明确阐述，并在正文中将其方案作出系统性分析。

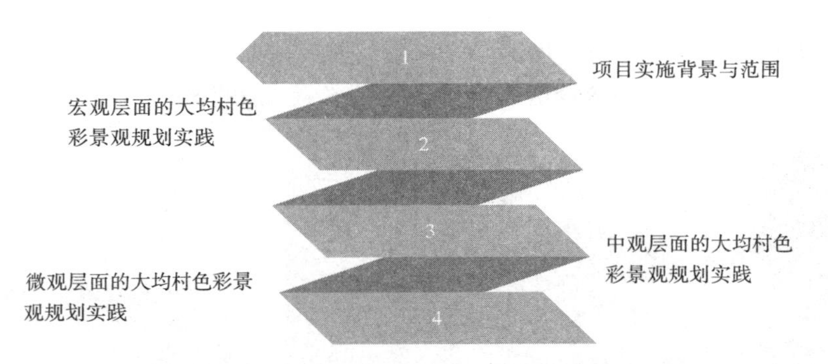

图 2-16　丽水市景宁畲族自治县大均乡大均村景观色彩规划方案

如图 2-16 所示，纵观该村景观色彩规划方案，显然与武汉东西湖区码头潭村存在明显不同，大均村是从宏、中、微三个维度，将乡村景观色彩规划的具体方向加以高度明确，这显然也是对乡村景观色彩规划流程的进一步细化。接下来，笔者就以项目实施背景及范围为基础，从上述三个维度将该村景观色彩规划方案加以阐述。

（一）项目实施背景与范围

大均村位于距浙江省丽水市景宁畲族自治县 13 公里的大均乡。大均村是历史上方圆百里的文化名村，古村始建于唐末五季初期。大均村有“中国畲乡之窗”的美誉，更是县生态示范点。2009 年被批准为国家 AAAA 级景区。大均村属浙南中山区，地貌以深切割山地为主，有海拔 1 470 米的白鹤仙尖。此外，它的森林覆盖率达 91%，降雨充沛且地处瓯江第一支流小溪江中段的风光绝佳之地，境内有多条溪涧。总体上看，大均有着得天独厚的资源优势。

大均村为整治重点，集中体现在建筑立面改造，另也涵盖其西面的泉坑和西南面的埠头。

（二）宏观层面的大均村色彩景观规划实践

根据规划分析的层次和色彩感知距离的不同，以规划中常出现的规划方法宏观、中观、微观三个层次来实践大均村的色彩景观规划设计。

1. 面

良好的界面色彩景观，可以强化乡村内部的色彩识别，美化乡村环境。通过功能分区把大均村分为古村落色彩景观区（图 2–17）、新村色彩景观区、产业色彩景观区和自然保护色彩景观区。

图 2–17　古村落色彩景观区的色彩景观

主要规划设计如下：

（1）按照每个区块的现状特点，利用软件推导出每个分区大范围（70% ～ 80%）存在的色调，作为该分区的主色调。

（2）对突兀的色彩景观一则采用明度、纯度的高低和艳度的冷暖变化；二则利用色彩原理，创造与主色调相联系的新色调代替“不和谐”的颜色。

（3）集合自然景观色彩背景色，得出大均村乡村色彩景观的主旋律，并且反复在各分区中推敲、验证。

2. 线

大均村“线”的色彩景观设计，以建筑群景观带和山体景观带为背景。主要规划设计如下：

（1）研究并控制不同材料的色彩比例关系，如木制材料色彩同混凝土墙面涂料的比例。

（2）具体落实到风貌较差的建筑景观，通过调整外观色彩、材料等整饰手段，达到与该区域色彩相协调。

（3）建筑景观要体现畲族色彩，墙面色调采用似黄泥墙的土黄色系涂料为主，同粉墙黛瓦徽派色系相结合。

（4）地面统一恢复传统街巷石板路和卵石灰砖铺路，并兼顾同墙面体现整体性，营造古色古香的村落意韵。

（5）建筑沿线景观忌城市化，因为周边已有良好的山体自然景观资源，所以可种植冠幅大的植物，孤植在建筑群落的入口、出口、缓冲区三个景观节点中，显得虚实有序，韵律感强。

3. 点

“点”主要是指在大尺度景观色彩中被模糊和忽视但会对周边环境产生影响的细节区块。此类景观色彩随着乡村经济的发展，延伸出来的具有当地特色的产品，已经成为诱导乡村总体色彩的重要手段。主要规划设计如下：

（1）畲族符号运用于山门、垃圾桶、桥、小品构件和铺装等，保持色彩统一，防止色彩组织杂乱。该色彩规划方法更有助于凸显色彩的主色调，让色彩和谐统一的同时，能够凸显其功能和作用，色彩组合能够呈现具有高度整体性的景观。

（2）商业街和演艺中心的建筑墙面采用肌理压印，通过凹凸感使墙面变得立体生动；对于入口的现代建筑墙面可另采取外装饰的方法。该色彩规划方法不仅能够让商业街区和演艺中心呈现严肃的感觉，同时也能彰显其活泼的特点，充分凸显景观色彩本身所具有的功能性。

（3）不同的景点，运用的小品、铺装材质和纹样略微不同。该景观色彩规划更注重建筑材料色彩的多样性，由此让景观色彩的组合方式更多，并且在合理的组合规律之下呈现出更为理想的景观色彩效果，让色彩所表达的语言、传递的信息、抒发的情感被人们所接受和感悟，达到陶冶人们内心的目的。

（三）中观层面的大均村色彩景观规划实践

宏观层面的规划给我们提供了一个色彩景观规划的主要方向，作为规划设计师，还需要具体根据公众的不同行为习惯，科学地规划不同功能分区的色彩景观。

1. 主要出入口的色彩景观

主要出入口的景观代表整个村庄的形象，色彩景致的展现是“第一眼”，决定了村庄给人带来的首要整体印象。虽然大多数公众在乡村主要出入口都不会长时间停留（根据调查只有 5% 左右的公众会长时间关注村庄的入口），但是入口作为乡村形象的代表，它的地位和意义是非常重要的。现在村镇的入口位置多种多样，山门的形式也已经进一步向外延伸到水、陆、空。

总之，把入口的位置有选择地分散布局，并选用能代表该村标志性色彩的指示牌和建筑景观，或采用类似“隔”园林设计手法，都能与乡村整体风貌联系巧妙，形成良好的开端。大均村是利用黄泥墙推出的景墙小品、茅草屋、灯塔，在村口 200 米处的地方设置“山门”，同时一路用红色的灯笼和香樟树作线性色彩来吸引人们的实现。

大均村的停车服务问讯处就是把这些景观色彩放大，以延续统一，运用了色彩的识别性。值得一提的是，水口是村落最常见的入口景观。它相当于自然景观融合在乡村中的一个缩影，运用的是障景的手法，体现的就是空间的对比，集成大家美学观点，距大均村不远的杨山村就是采用了这种以蓝色和绿色系结合的水口景观方式。另外，不少地理位置优越、农作物区块突出的乡村同样结合天然的自然景观色彩，像梯田或者大片颜色诱人的经济果林，作为乡村入口也是一有力的“兴奋剂”，能够唤起人们的高度关注，为乡村其他区块的色彩景观起到事半功倍的效果。

2. 公共空间的色彩景观

乡村的公共空间是村民活动的重要场所，也是人们交流信息，观赏当地民俗表演的场所，人流密度大、停留时间长，往往象征一个乡村或者村镇重点景观的所在地。因此，对乡村公共空间及其周围环境进行色彩景观规划设计尤为重要。根据调查，只有 15% 左右的公众会关注公共场所（或者称为民俗表演区）。乡村公共建筑多是宗祠、寺庙，平时使用不多，主要是营造严肃的气氛。但凡有重大节日，此类场所内便会聚集大量的村民，各种各样的表演展现了当地优秀的传统文化，色彩体现在符号和装饰的图案上。在这里，色彩规划师普遍将能够烘托当地传统文化的色彩元素作为主要选择，进而制订出色谱，以求景观色彩的规划能营造出理想的文化氛围。

其中也有传统地方的文化商业建筑，一般属于收藏和保护的范围。对于这些具有价值的文物性建筑，建议色彩景观以符合基本的群体基调为主。提倡材料的外立面以保护性清洗、修复为主外，尽量保留其原有的材质和色彩，考虑其商业的性质，新材料的运用在色彩、质地选择上以相仿为主，绝不能盲目地搞“化妆运动”。因为这种保护应该是“战战兢兢”的“收藏”，而不是“肆无忌惮”的“破坏”，再造“假古董”都是对历史文化的“犯罪”行为[1]。

当然，有些乡村出于集市交易、晒谷物、人流疏散等需要，自发形成的像打谷场、经常群集会的地方俨然成了“户外客厅”。大均村新建的南部区域以婚嫁表演为主，从色彩景观角度考虑，色彩景观处理得好会成为村民、游客精神上的寄托和向往，更需要多样性和丰富性的统一。在色彩选择上，在黄泥墙的背景色为基调的基础上，利用红色、枚红色、黄色等色彩搭配，营造喜气的氛围。

3. 居住空间的色彩景观

根据调查，有 4% 左右的公众会关注乡村居住空间。居住空间中建筑色彩的营造需要我们了解多个乡土建筑和传统民居的环境色彩的实地研究得出人们对居住环境的心理审美方向。大量实例证明，居住建筑的色彩景观选择上倾向于高明度、低彩度的暖色调。这样的色彩会给人带来安全、轻松、愉悦、温馨的感觉。

这同样符合乡村给人的感受，那么更应在色彩景观上做到这一点。切不可盲目地翻新、盖涂粉饰。在材料的选择上应该因地制宜，将当地丰富的可再生资源作为主要的建筑材料，或者仿当地的石料、木料来塑造，色彩景观上力求同宏观层面的规定方向一致，确保景观色彩能够与人们日常生活中所渴望的色彩保持高度一致，由此营造居住建筑淳朴、敦厚的气息。

大均村的居住建筑规模小、内容简单，在色彩上追求按照功能区域的色彩规定而致，但是主要就是通过一些景观小品造型、肌理、色彩的不同处造景，反衬出同商业建筑的区别。重要的居住建筑外墙面需要配合光线、肌理、凸出部位，强调色彩明度、彩度的细微变化，面积占比例较大、光线比较暗、凹陷的部位应该限制使用无色彩、低彩度的色彩。早有专家指出，白瓷面砖作为南方暴发户的文化代表，其很快普及全国是中国建筑文化史上的悲哀，比把外墙都刷成白色还不如[2]。

有旅游开发价值的村庄更应该因地制宜，考虑变白、变红，或者保持土黄。另外，根据居住建筑的周围环境，可在有水流经过的地方设置本

[1] 张长江．城市环境色彩管理与规划设计[M]．北京：中国建筑工业出版社，2009：22-23.

[2] 一挥．色彩规划当城乡一体化[N]．春城晚报，2009-01-09.

土色彩的石材井台，增加景观趣味性和色彩延展性。居住建筑内的庭院空间在植物景观色彩选择上，以本土绿色瓜果藤蔓植物，或与建筑冷色调互补的暖色调植物为宜，暴露的植物色彩必定需要符合当地乡土味道。

4. 绿地的色彩景观

根据调查有10%左右的公众会关注乡村绿化休息区。由于乡村绿地的使用人群是乡村居民，其生活方式、喜好、节奏存在明显的差异，同时乡村自然环境色彩已经很丰富，因此乡村绿地的色彩景观运用中国古典园林里的借景手法，设计为半天然式，在景观色彩上寻求同周围环境的延续，以互补色、同系颜色为佳。陈从周先生认为：北国园林，以翠松朱廊衬以蓝天白云，以有色胜。他又认为：白本非色，而色自生；池水无色，而色最丰。色中求色，不如无色中求色[1]。

大均村按照绿地系统和功能的不同，分为公共空间绿地、居住庭院绿地、经济产业绿地、交通绿地、风景林。根据每个功能用途的不同，在树种的选择上会有色彩的不同。以经济产业绿地为例，大均村的西北片区，农耕作物以茶叶、笋、竹等为主，色彩主要以豆绿、茶绿、葱绿、青绿、碧绿等绿色系为主，草黄、黄褐色等黄色系为辅；位于南片区的经济果林结合当地的现状，以种植板栗、柑橘等植物为主，色彩在秋季就表现为以金黄、橙黄、土黄为主的黄色系。作为规划设计师，应该把植物习性、色彩季相等多种因素归类，谋求更有视觉层次效果的搭配。

5. 街、巷、廊道的色彩景观

街、巷、廊是公众最愿意停留的场所，根据调查，有近45%的公众选择关注此类线性场所。其中，大多数人认为此类的人工色彩景观是乡村色彩景观中最有代表性的。从我国乡村景观色彩规划的普遍现象来看，绝大多数的村落布置着街、巷、廊、桥，共同组成了密密麻麻、饶有情趣的交通网络，由此尽显乡村景观色彩规划中色彩元素的丰富性，以及色彩组合方式的多样性。大均村也有着多变的街巷空间资源，在这些狭长、封闭的带状空间中，色彩的运用要以中明度、中纯度、低彩度为主同建筑、背景色整体考虑[2]，不宜让人们感受到视觉范围过大。因为人们

[1] 陈从周．说园[M]．上海：同济大学出版社，2007：26-27.

[2] 中国美术学院色彩研究所．泉州城市色彩规划研究[M]．上海：同济大学出版社，2009：33-34.

在此处停留的时间相对有限，所以在色彩的明度、纯度、彩度方面的变化幅度上，不应体现得过于明显，否则会使人产生视觉疲劳，同时对整个乡村产生厌烦心理。

在这里，相关工作人员应该将关注重点放在地域文化特色方面，根据该村所固有的文化特色，将其廊道色彩范围进行合理布置。大均村是畲族的典型代表，在商业区域中的街、巷，以设置黄色系为主；因为畲族跟汉族交流频繁，不免受到影响，所以保留以建筑两翼马头墙的“粉墙黛瓦”为辅的街巷色彩；而畲族演艺中心区域的街景要体现畲族的精神文化，以代表畲族土色土香的香槟黄等黄色系为主。作为规划设计师，我们应该注意每条街的墙面色彩空间的营造，因为这些私密空间能反映出被传统的伦理道德、生活习惯所左右的空间意识。大均村的雷家桥是跟水面联系在一块儿的，在色彩上追求同畲族风格近似的黄色系，用畲族五彩的飘带等人文景观色彩在护栏的图案上做文章，使人印象深刻。

6. 历史文化遗产保护的色彩景观

根据调查，有近 27% 的公众会关注历史文化遗产保护的色彩场所。多数乡村都存有历史优秀的景观，虽然仅仅是已经破损的夯土墙、不同年代的墙上壁画、研磨、水推车等城市不常见的农具、当地特色的服饰、年代悠久的大树等。

大均村有着多处明清建筑遗留资源，对于这些历史文化遗产和文物古迹，关键是将此类场所色彩景观有序地串联并保护起来，或者恢复原来的色彩面貌。合理的色彩景观能够继承和升华历史文化传统思想，引起人们的共鸣。

（四）微观层面的大均村色彩景观规划实践

在微观设计层面，应该从色彩的三方面属性——色相、纯度、明度出发，结合乡村景观制成各种色谱。例如，植物色谱、铺装色谱、民族符号色谱等，让人们身处不同的景观，能够通过其色彩感受其深意，使其真正发挥陶冶身心、净化心灵、激起奋进的作用，让色彩本身的语言、情感、信息表达功能充分展现出来。

1. 植物的配置

如果说乡土建筑、小品、道路是乡村的静态色彩，植物色彩的搭配就是乡村色彩景观中最富有变化的动态色彩景观之一。在现在越来越重视生态环境的时代，乡村的绿化环境已经成为人们居住环境中不可或缺的元素，植物色彩景观搭配的优劣能提升乡村生活质量。作为规划设计师，应该更多关注植物色彩的搭配，并把它们融入乡村整体的色彩建设过程中。

2. 景观小品

景观小品的创造对乡村风貌起着举足轻重的作用，尤其是这些公共设施的体量、材质、色彩，均从细节反映出乡村景观的整体特征，并非常具有观赏性、实用性和审美价值。作为规划设计人员，应该全面了解乡村的文化、自然背景，仔细推敲景观小品需要传递的乡村精神，尤其是色彩的表现，必须遵循与周围景观相协调的原则。

例如，在乡村的重点公共空间，布置重要的雕塑或者有象征性的乡土植物。一些有功能性的小品，如围栏、竹篱笆、灯具、垃圾箱等，要注意形式的简洁，色彩不宜过于浓艳，让人们能够体会到公共物品本身的使用价值，并且这些色彩本身应具备功能识别的作用。对于铺装色彩的表现也很重要，如婚庆演艺中心区域，需要不同灰色调的不同彩度铺装出“喜”。同时还要考虑尺度、整体性，可以稍微根据区域的不同使色彩富有不同的变化，毕竟景观小品的色彩是点缀色。

3. 识别符号

大均村作为山区畲族聚集地，拥有很多民族样式的图案。这些民族图案提高了大均村景区的识别率，并且帮助其塑造了良好而独特的乡村形象。提炼民族的符号，把这些符号运用不同的色彩形式，统一色带控制，是一个双赢的机会。

第三章　乡村色彩的基本内容

众所周知，在中国特色社会主义建设的新时代，绿水青山、和谐富足、安居乐业应作为乡村发展道路所呈现出的景象，同时在自然和历史的洗刷过后，当今时代乡村更应呈现出独具特色的色彩，展现出新时代乡村建设与发展的生机与活力。为此，在乡村色彩的研究与探索中，必须明确乡村色彩所包括的基本内容。本章笔者就以此为立足点，从乡村色彩的具体功能和性质两方面进行观点阐述。

第一节　乡村色彩的功能

就新时代乡村建设与发展而言，色彩舒适度与和谐度是打造乡村形象的有效手段之一，在乡村环境设计中，“形”和“色”显然是两个重要组成部分，过于注重或忽视任何一个部分，都会导致乡村整体面貌欠佳的情况出现。在通常情况下，色彩往往对人的视觉感知影响较为直接，且能直观展现出乡村建设的面貌，所以在新时代乡村建设与发展道路中，对于色彩的设计和应用必须提起高度重视。笔者先通过图 3–1，将色彩的功能以最直接的方式呈现，并随之在本节正文中加以明确论述，具体如下。

通过图 3–1 可以看出，色彩本身所具有的功能极为强大，在乡村景观色彩规划中加以有效应用，必然有助于乡村景观的全面优化。

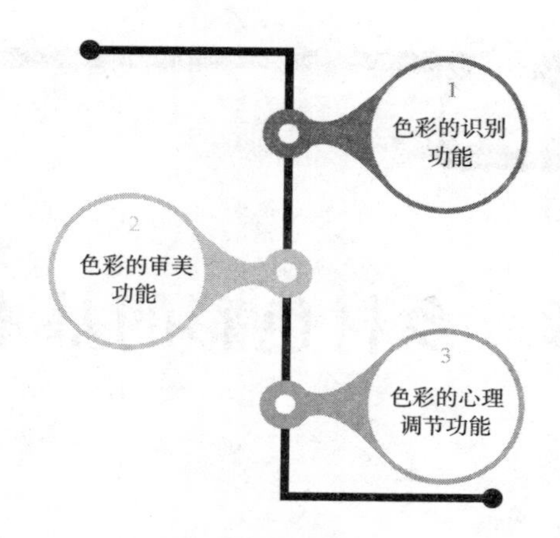

图 3-1　色彩的功能

一、识别功能

色彩的识别功能就是当色彩进入人们眼帘的一刻起，人们就能够感受到周围环境和氛围，并且可以了解建筑以及公共设施的具体作用是什么，乡村色彩更是具有这一基本功能。具体而言，该功能主要体现在四个方面。

（一）等级识别

从中国历史发展角度来看，自古以来，色彩本身就具有传达等级信息的功用，而这显然也赋予色彩在建筑中的特殊意义，即等级识别的功能，乡村色彩同样具备这一基本功能。随着历史车轮的转动，在各个历史时期，色彩本身所具备的这一功能被一直沿用，特别是在明代，这一功能在建筑方面更是有了明确而又具体的规定，由此让建筑本身能够体现主人的身份和地位。例如，公侯将相门用金漆兽面，并且建筑可用彩色作为装饰；一品和二品官员用绿色油漆装饰梁栋、斗拱、屋檐；三品、四品、五品官员门用黑油锡环；六品、七品、八品、九品官员则用黑门铁环；平民百姓建筑装饰不得用彩色作为装饰等。由此可见，在中国古代社会，人们往往可以通过“色彩”去判定建筑的主人身份和地位。

色彩本身所具有的这一功能不仅在中国有着充分体现，其他国家也在不同程度赋予了色彩这一功能，通过建筑色彩的运用就能体现主人的财富或者权利。虽然中国与世界其他国家之间的文化存在一定的差异，但是色彩本身所具有的功能却存在相通性。

另外，还要特别注意的是，色彩的等级识别功能也具有较强的时代特征，在不同时代背景下，色彩等级识别功能的具体表现也存在一定差异。具体表现在随着时代发展，人们的社会角色会发生本质的改变，所以色彩的等级象征意义也会根据时代发展发生相应的变化，由此等级识别功能也在不同的时代背景下体现出具有时代意义的特征。

（二）区域识别

由于受到自然和社会两方面因素的直接与间接影响，所以不同地域在建筑和景观方面所体现出的色彩特征具有一定差异，乡村色彩的选择与使用更是如此。其中，所谓的“自然因素”主要包括所在区域的气候、植被、土壤等多方面，所谓的“社会因素”主要包括所在地域的历史、文化、风俗、管理制度等方面，正是在这些具有地域差异性的影响因素作用之下，建筑和景观的色彩可以根据影响因素涉及范围和作用大小划分出多个层级。

例如，广袤的中华大地拥有五千多年文明发展史，正是由于历史底蕴和文化底蕴与其他国家之间存在明显的差异，所以在建筑和景观色彩的选择方面存在极大不同。同时，中国北方、南方、东部地区、西部地区存在明显的气候特征，所以国内不同地域之间又呈现出较为鲜明的地域色彩差异。除此之外，由于地域文化不同，中国各地域之间存在明显的建筑和景观色彩差异。在这里，还要重点强调在特定地域内，其区域之间的功能也存在明显不同，所以也会导致建筑和景观色彩存在明显差异。

其中，最为直观的表现包括两方面，一是中心区域按照功能划分，充分体现出不同的色彩氛围，二是周边区域按照功能划分，依然呈现出不同的色彩特征。具体而言，住宅区域和商业区域的功能性主要体现在娱乐和休闲两方面，所以建筑及其景观色彩通常是以暖色调和冷色调为主，如黄色和蓝色，以此来彰显特定的色彩氛围。而周边区域的功能性主要体现在生产和劳作两方面，所以干净和整洁就成为该功能区域必须达到的要求，因此建筑和景观色彩通常以五彩色系为主，如黑、白、灰等。由此可见，不同空间和区域通过不同的色彩可以诠释出具体功能，由此让视觉环境更加具有辨识度，从而充分说明色彩本身所具备的区域识别功能。

（三）安全识别

在乡村环境中，科学有效地运用色彩可以让环境本身具有较清晰的识别性，也可以让人们在不同的空间和区域中有序地生活与劳作，这不仅有助于乡村变得更加整洁而又美观，同时也有利于乡村社会有条不紊地发展，各项事务能够有序运行。例如，在乡村街道中，通常人行道和车行道之间会用不同的颜色区分开来，其目的是让行人在公共交通空间更加安全，这也充分说明乡村色彩也具有安全识别这一基本功能，而这也是乡村色彩识别功能的重要组成部分。

例如，乡村振兴事业正在如火如荼地进行，并且已经取得极为显著的成果，产业振兴已经成为乡村振兴的重要标志，诸多工厂已经落户乡村。其中，厂区色彩设计成为重点关注对象。在这里，广大设计师普遍意识到工业设施的色彩设计与传统建筑色彩设计之间存在明显不同，色彩的作用必须得到充分体现。所以，在工业环境之下所采用的色彩显然与其他环境有较为明显的区别，同时不同的工业环境所采用的色彩更是存在明显不同。在这里，广大设计师通常会将危险通道采用红漆铺路，而安全通道则是采用蓝漆铺路；危险作业区域通常用红色彩钢瓦，安全性较高的工作区域则用暗色彩钢瓦等，这样充分体现乡村色彩本身具备较为安全识别功能，能够为人们提供最为直接的视觉辨别作用。

（四）类型识别

在乡村公共设施方面，色彩差异通常能够帮助人们区分不同的功能类型，这样可以让人们更加直观地意识到公共设施究竟属于哪一类，对自身的日常生产生活是否有直接帮助或间接帮助，从而决定是否需要这些公共设施帮助自己更好地生产与生活。例如，虽然乡村公共设施作为保障乡村日常生产生活有序运转的系统，所占用的空间往往较小，但是所分布的区域较广，所涉及的种类较多，其类型往往也较为复杂，如果不能有效区分，必然会导致公共设施使用效率降低，而色彩的应用恰恰能够有效避免这样的情况，如健身路径选择蓝色和黄色等。

由此，色彩在乡村公共设施的配置和利用过程中，不仅起到色彩点缀的作用，同时还让公共设施的类别特征能够充分凸显出来，让人们能够用最直接的方式深刻意识到公共设施究竟属于哪一类，可以在第一时间判断其对自己的生产与生活能否带来帮助，而这也是乡村色彩类型识别功能的直接表现。

二、审美功能

从功能性角度出发，色彩在愉悦人们身心的同时，还能引导人们建立正确的审美取向，带领人们发现美、感知美、体验美，而这也正是色彩的审美功能。乡村色彩显然也要具备该功能并将此功能充分展现，由此才能引领乡村居民树立正确的审美取向，促进人们审美情趣产生正向转变，最终彰显乡村共有的精神气质和优美环境。以下笔者就通过两方面来说明乡村色彩中所蕴含的审美功能。

（一）彰显乡村的气质并优化乡村环境

就乡村而言，庄严或欢愉的气质往往通过“形”和“色”两方面体现出来，单纯注重“形”的建设而忽视“色”的选择，往往会导致乡村固有精神气质难以彰显，而这也正是乡村色彩审美功能的直接表达。所以，乡村振兴不仅要将乡村产业振兴和乡村文化振兴放在重要位置，通过完善其“形”来彰显乡村气质，更要注重乡村色彩设计和建设，通过其“色”进一步展现乡村气质。让乡村建设既有错落有致且色彩鲜明的产业园区和住宅区域，更有色彩优美的街道、休闲广场、生态景观，形成极为理想的乡村样貌与特征。

在乡村色彩环境的设计中，必须让色彩本身与乡村景观完美融合，通过选择理想的材料与设计风格，让乡村既能彰显色彩环境的主题，同时还能充分展现出独有的个性，让人们生产生活能够拥有极为理想的色彩体验感，进而打造出高度宜居的乡村环境。这显然是乡村色彩优化乡村环境的具体表达，更是其审美功能最为基本的体现。

（二）促进人的审美情趣发生变化

在前文中，笔者已经明确指出色彩本身具有识别功能，可以让人们身处不同环境和空间感受到内部建筑物或设施的具体作用、功能、安全性、类别，以此对环境和空间形成最基本的认知，乡村色彩在这一方面所体现出的作用也非常明显。但需要注意的是，人们这些基本认知通常在主动或者被动状态之下产生，主动状态下产生的这些基本认知往往具有无形化特点，被动状态下产生的这些基本认知往往体现有形化特点，这两种状态会导致人们审美情趣的主动形成和被动形成。

具体而言，人们在主动的状态下去感受色彩在环境或氛围中所发挥的作用，往往能够主动进行深入思考，从中了解色彩运用的基本初衷，从而形成印象极为深刻的色彩感知和体验过程，进而也会主动形成审美情趣。反之，如果人们在被动的状态之下，感知色彩在环境或氛围中所发挥的作用，就会失去主见，因此也不会去深刻体验色彩本身所具有的意味，这样产生的审美情趣也会存在一定片面性。因此，在乡村色彩运用过程中，通常会结合乡村本身的风土人情、自然环境、历史文化等多方面因素，进而促进人们主动感知和体验环境色彩，助其审美情趣发生正向变化。

三、心理调节功能

从色彩本身所具有的功能性出发，视觉体验过程中的第一感受往往会在无形中对人们生理造成影响，而这种影响往往具有较强的间接性，会通过人们日常生活经历、生活环境、个人性格等因素的作用，引发人们的心理反应，根据人们必然会产生的心理反应进行色彩调节，那么色彩自然会具备一种心理调节功能，乡村色彩的合理运用显然也具备这一重要功能。以下笔者就先通过图 3–2，将色彩所具备的该功能直观展示出来，确保广大读者在了解该功能之前，能够初步明确功能的基本作用。

立足图 3–2，不难发现该功能主要体现在对人的情绪反应和心理反应的引导作用，以及对人的心理的调节作用三个方面，而具体作用产生的原因，和在乡村景观色彩规划过程中的作用体现还需要进一步挖掘。为此，接下来笔者就针对以上三方面将该观点加以说明。

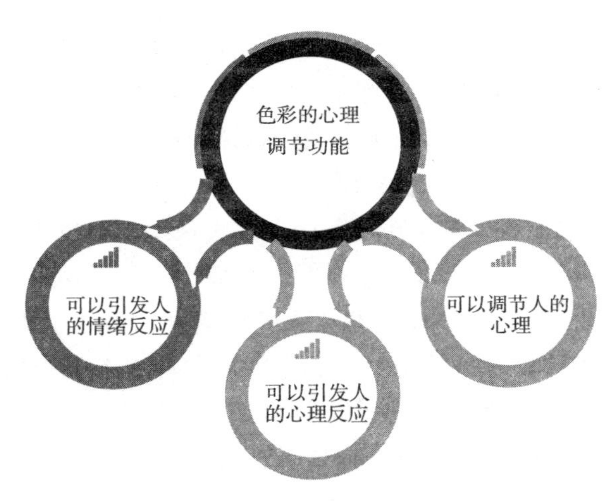

图 3-2　色彩的心理调节功能具体体现

（一）色彩可以引发人的情绪反应

从视觉感受给人的生理所造成的影响而言，当不同色彩进入人们眼帘的一刻起，肌肉的舒张程度和血液流通速度会在不经意间发生变化。其原因就是色彩对人们的视觉造成了刺激，肌肉舒张程度和血液流通速度会产生应激反应，进而让人们产生不同的情绪反应。

如果人们看到冷色调的颜色时，通常肌肉会瞬间进入放松的状态，身体内的血液流通速度会明显降低，进而产生一种舒适而安逸的感觉，从而让烦躁的情绪瞬间得到排解。相反，如果人们看到暖色调的颜色时，通常肌肉会进入紧张状态，血液流通速度会骤然提高，随之给人们带来一种紧张感，感受到周围环境和氛围具有一定压迫性。这显然是色彩心理调节功能的具体表现，乡村色彩也是如此。

（二）色彩可以引发人的心理反应

医生在手术过程中发现，白墙产生的红色血液的视觉残像，会导致自己出现严重的视觉疲劳感，而在白色墙面补刷红色和绿色油漆，能有效消除这一视觉疲劳感。这一临床实践成果，让色彩在心理学、生理学、物理学等学科领域被广泛研究。上述学科在实践探索中也随即得出一系列研究成果。

通过色彩调节技术的不断深化，让色彩合理融入工厂、商店、学校等公共环境之中，并发挥出色彩本身所具有的功能性。法国色彩协会通过不断地试验后发现，色彩能够改变人的情绪，不同的色彩可给人带来不同的心理反应。具体而言，在试验中，人们在接触暖色调的色彩之后，脉搏速度会明显加快，而冷色调会让人呼吸放缓。而在特殊的工作环境中，淡蓝色可以让人们的内心感到舒适，而绿色会让人的大脑神经变得更加安定，而红色则能增加人体血液流动速度，血压会有明显的升高。通过以上的试验结果可以看出，色彩在特定的环境下会作用于人的感官，更容易引起人们的直观感受，所以学术界也将色彩作为视觉环境中影响人们感官的首要因素，而该因素也是引发人们心理反应的主要因素。

（三）色彩可以调节人的心理

虽然关于色彩对人的心理调节作用的研究起步较早，但是在社会中的广泛应用却始于20世纪后期，主要应用领域就是公共空间的视觉环境设计和构建。针对其设计而言，设计人员主要以色彩传播过程中人们对其感知、辨识、判断的速度为参考，最大程度让色彩所传递的信息影响人们情绪，进而形成生理层面的影响。但不可否认的是，这些影响在一定程度上是通过色彩间接引发的，而并非直接引发，引发的过程则是人们自身的心理作用所致。

针对乡村公共空间环境而言，色彩对人们的心理影响程度往往由人们乡村生活的经历、自身的文化修养、性格取向以及村风民俗、地域环境等多个因素决定。另外，由于乡村居民通常情况下并非生存于色彩丰富的世界，在视觉经验方面并没有过多的积累，所以更容易受到外来色彩的刺激，并且在无形之中形成一种生理上的共鸣，并随之在心理上引发某种相应的情感。

由此可见，色彩作为乡村公共区域景观设计的重要组成部分，不仅对乡村居民日常生产与生活带来重要影响，更能让乡村居民的生产生活质量都得到提升。将色彩在环境中加以合理运用，必然会有效改变乡村环境，并体现乡村精神风貌，同时也会让人们的心理状况得到有效调节，进而让色彩在乡村环境设计与构建中发挥理想的色彩效应。

综合笔者在本节所阐述的观点可以看出，乡村色彩本身所具有的功能性极为突出，在乡村色彩环境设计中加以有效应用，必然能确保乡村整体品质得到大幅提升，确保乡村经济、文化、环境保持同步的高质量发展。除此之外，做到有效把握乡村色彩的性质，并将其加以科学运用，同样可以达到促进乡村整体品质大幅提升的目的，而这也是下一小节笔者所要研究的内容。

第二节　乡村色彩的性质

由于“性质”是对事物一般特性和作用的真实反映，能够体现影响事物发展的主观因素和客观因素，所以在开展某一领域研究工作时，必须将其相关性质研究作为一项重要内容，关于乡村色彩的研究与探索显然也不例外。对此，本节笔者就立足两个维度针对乡村色彩的性质进行深入分析，从而为探明影响乡村色彩形成的主要因素夯实基础，具体如下：

一、地域性质

所谓“地域性质”是指行政上的地理划分，或者各地理要素所形成的单元。针对色彩而言，人们对色彩的感知和认同必然会受到地域性质的影响。对此，在研究乡村色彩设计、规划、应用、发展的道路中，地域性质必然要作为一项重要内容，对地域性质的分析要置于首位。以下笔者就以此为立足点，针对乡村色彩的地域性质进行详细阐述。

（一）气候条件

毋庸置疑，区域的气候条件往往会直接影响区域的自然景观和自然风貌，进而使其更加具有鲜明特征，并且区域本身的建筑和环境也会受到直接影响，最终会导致不同的建筑材料和建筑形式的出现。虽然建筑材料能够对色彩表现形式起到一定的决定作用，尤其是更多先进生产技术让建筑材料本身有更多的色彩选择，但气候条件对人工环境色彩造成的影响依然不可撼动，乡村色彩的设计、规划、运用必须考虑气候条件所带来的支援和影响，而这显然也是乡村色彩地域性质的重要组成部分。

1. 气温和光照

从人们对色彩的主观感受角度出发，最为直接的影响条件莫过于气温和光照，其原因在于，这两个影响条件往往会给人们造成最直接的生理反应和心理反应。针对气温对人的色彩主观感受造成的影响而言，常年气温较高的地区会导致人们更趋向接受较为素雅、安静、平和的色调，如透明度较高的冷色调或者无彩色系的色调；而气温常年较低的地区则截然相反，人们更倾向于接受给自己带来阳光和温暖的暖色调，这些显然都对区域色彩环境设计指明了方向。

针对光照对人的色彩主观感受造成的影响而言，在光照程度相同的前提条件下，暖色调的颜色对人的视觉影响作用往往比冷色调更为明显，在建筑和环境上这一表现极为明显。但同样是在光照不充足的前提之下，冷色调的颜色往往更容易引起人们关注。

综合以上观点，笔者认为物理效应是上述现象产生的最佳解释。具体而言，常年气温较高和光照较足的区域，往往人们内心亟需降温隔热效能的出现，所以普遍会选择较为清淡的冷色调。反之，气温较低并且光照并不充足的区域，往往人们亟须保温采暖效能的出现，进而中等明度的暖色调就成为人们最偏向的色彩选择。

2. 降水和温度

从地理学角度讲，区域降水量的多与少不仅影响地域自然环境和自然风貌，更会直接影响景观色彩为人们带来的真实感受。针对前者的影响而言，主要表现在气候的湿润程度和树木与植被的茂盛程度；针对后者的影响而言，主要表现在光照度的高低、漫反射的程度、建筑材料固有颜色的还原度等。降水量较大的区域，通常会体现出空气湿度较高且透明度较低这一特点，所以物体色彩的彩度也会随之降低。

温度在区域色彩中的影响通常表现为两方面：一是降雨量较大的区域建筑物受到雨水冲刷的频率较高，而高温则会导致水蒸气侵蚀建筑颜料，从而降低色彩环境的彩度；二是经常降雪的区域温度较低，区域色彩基调也会发生临时性改变，或者呈现出低温现象，如东北地区往往会采用暖色调来点缀区域色彩环境，以此来适应和衬托该地域温度特征的同时，提高区域色彩环境的彩度。

（二）地理条件

从地理因素的角度分析，在乡村色彩构成因素中，地貌、土壤、植被显然是乡村色彩环境构成的基本因素。除此之外，运用当地特有材料所制成的建材、地域色彩浓郁的建筑风格、民俗特色装饰等也是乡村色彩构成的主要地理因素。

不可否认的是，在特定的地理环境之下，乡村空间形态必然也会随之保持高度适应，而建筑无疑是乡村空间形态的构成主体。其中，特别是在建筑的形制、建筑材料、建造方式上，与地理因素的相关性极高，这些高度相关的地理因素显然会直接作用于乡村色彩环境，并成为其重要的组成部分。

另外，再从影响人们色彩倾向的角度分析，通常状况下，人们的审美偏好会受到地理条件的直接影响，既包括自然地理条件，又包括人文地理条件，这些地理条件相互作用就形成了区域环境色彩特征。例如，位于大漠和滨海地区公共区域的色彩选择就存在明显差异。大漠地区的环境特点极为突出，主要包括气候干燥、风沙较大、交通较为闭塞、区域文化特征明显，自然环境的色彩也相对较为单一，建筑材料色彩往往也较为单一，具有较强的区域代表性。而滨海地区的气候特点正与之截然相反，不仅空气湿润且清新，同时碧海蓝天所映衬出的景色自然成为公共区域色彩的重要组成部分。与此同时，发达的海上交通也让建筑材料的选择更具多样性，而这也是区域公共环境色彩选择的优势所在。由此可见，地理环境的不同可以导致公共区域色彩构成因素的明显不同，人们审美视角也会在无形中与地理环境保持高度适应，进而在色彩选择上也会有明显的变化。地理条件不仅让区域环境色彩形成了鲜明特征，更让色彩文化拥有更为深厚的积淀，而这也正是色彩的地域性质所在，乡村色彩中的该性质表现更是极为明显。

二、文化性质

所谓的“文化性质”就是国家、民族、团体、个人特定生产生活习惯的定性，不会以思想意志为转移，并且在潜移默化中形成。也就是说，任何人为事物的产生与发展都会具有相应的文化性质，色彩固然具备相应的文化性质，乡村色彩也不例外。因此，在探究乡村色彩设计、规划、应用、发展的道路中，高度明确其文化性质是必不可少的前提条件，接下来笔者就从三个方面加以明确阐述。

（一）文化共性

从文化的定义来看，国内与国际学者普遍将其认定为具有复合性的整体，不仅包含文化相关知识，更包含艺术、信仰、道德、法律、风俗习惯和个人行为等多方面。人们对文化的理解程度，通常通过自身现实情况与上述几方面总体相似程度来进行判断，相似程度越高，就意味自身现实情况与文化的具体定义共性特征越多，反之则不然。另外，人们在接受和学习文化的过程中，针对不同文化普遍会持有不同程度的开放态度，由此能够让不同文化在不同的地理环境之下形成交流和碰撞。对此，人文因素在色彩方面的影响作用也充分凸显出来，人们在色彩的感知方面显然也会存在诸多共性特征，而这也导致具有地域特色的环境色彩被更多人所赏识和接受。乡村色彩显然也不例外，人们对不同地域乡村色彩的认知也有着诸多共性特征。

就色彩感知的共性特征而言，可以将其视为一种跨区域和跨文化界限的生理反应和心理反应，当其保持高度的可持续性时，那么必然说明人们已经受到复杂因素的影响，如民俗习惯、民族精神、地域气候等。就乡村色彩研究而言，探索其色彩感知共性的认知是基础中的基础，将其作为起始点必然会促进人们对乡村色彩的深刻了解。

（二）民俗文化和传统文化

虽然色彩源自人们的生理和心理效应，并且存在一定的共性特征，但更会因为地域文化和地域风俗之间的明显不同而形成差异。也就是说，某一种色彩在不同地域往往会有特殊的象征，也并不是所有地域都会接受某一种色彩。例如，中华民族将红色视为吉祥喜庆之色，将黄色视为尊贵之色，但在其他地域却有着不同的理解，最终形成具有地域特色的色彩文化。

虽然不同的地理条件会造就具有地域特色的环境色彩，但该条件绝不是造就地域特色环境色彩的唯一因素，还需要深刻意识到地域经济基础、人们普遍的思想观念、文化与艺术等人文地理因素所具有的影响力。这些因素不仅可以让区域环境色彩更加彰显民族性格，同时更成就了地域色彩文化的形成、传承、弘扬、发展，彰显出不同地域人们对色彩的追求。因此，在探究乡村色彩的形成与未来发展的道路中，必须将传统色彩形成的文化环境作为基础，从而为乡村色彩科学设计、合理规划、有效应用提供重要依据。

（三）时代特征

从历史发展的角度出发，地域性色彩的形成与发展往往与当地建筑材料，以及当地传统工艺之间有着紧密联系，它们是影响地域色彩形成和发展的主要因素。具体而言，不同地域由于交通和信息条件存在明显差异，所以公共区域在最初往往都是用当地建筑材料，并在使用的过程中逐渐形成具有地域色彩的生产技术和加工工艺，由此也形成了具有地域特色的建筑群落和环境色彩。

随着时代发展步伐的不断加快，新技术、新材料、新工艺不断诞生，公共区域建筑材料的选择范围也在不断扩大，各种具有地域特色的建筑材料在其他地域也普遍得到认可和使用。随着新技术、新材料、新工艺的开发力度不断加大，建筑材料不仅在品质上得到普遍提高，在价格上更是体现出物美价廉的优势，进而为区域公共环境色彩的多样化提供了更多机会，并且也对传统公共区域色彩环境的设计与构建带来一定冲击，多元化也成为当代公共区域色彩环境可持续发展的必要条件。

在不同的社会发展阶段，社会主流文化往往会呈现在公共区域色彩环境的设计与发展之中，最为直观的表现显然是公共区域建筑色彩，社会发展阶段的不同会导致建筑色彩有着鲜明时代文化特征，乡村色彩的设计与发展更是如此，这也记录并诉说着乡村在历史发展道路中的阶段经历，展现着乡村的历史风貌。

综合本章所阐述的观点，不难发现乡村色彩在当今乡村建设与发展中，不仅具有强大的功能性，同时在地域和文化层面更反映出乡村色彩所具有的基本性质，深挖上述功能和基本性质也必然能确保美丽乡村的全面建设与高质量发展。但是，在乡村景观色彩的设计、规划、应用的过程中，不仅要确保其功能性和基本性质得到充分体现，更要高度关注并有效把握其影响因素，由此方可确保乡村景观色彩真正成为美丽乡村建设道路中的“浓墨重彩”。对此，下一章笔者将以此为立足点，展开全面而又深层的研究与论述。

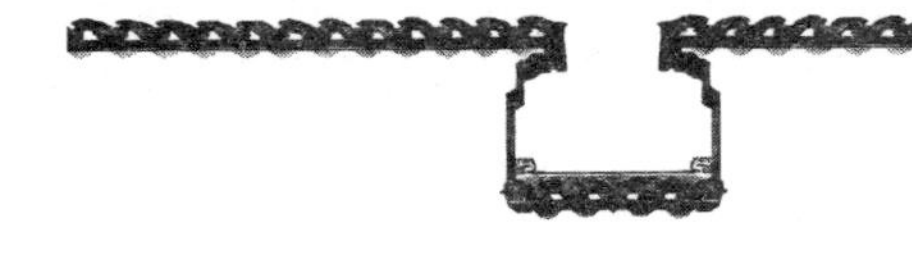

第四章　乡村景观色彩的影响因素

乡村景观色彩的形成能否达到高度理想化，往往并非依靠人们的主观意愿就能实现，通常情况下需要考虑的因素众多。其中就包括自然因素和人文因素两部分。针对自然因素而言，由于中国幅员辽阔，不同地域的地理环境和气候环境存在明显差异，这就导致人们在环境色彩的需求上存在明显不同，并且能够造就乡村景观色彩趋于理想化的自然资源存在明显不同，因此在进行乡村景观色彩的设计与规划时，必须深度考虑自然因素所造成的影响。针对人文因素而言，由于不同地域地理自然环境存在明显差异，进而成就不同地域文化的产生，乡村色彩不仅要满足人们由于自然因素所致的色彩心理需求，更要满足地域文化传承、弘扬、发展的切实需要，所以在乡村景观色彩的设计与规划过程中，应将人文因素所带来的影响进行深度思考。本章笔者就以这两方面影响因素作为立足点，将其具体影响因素进行全面而又深入的分析。

第一节　乡村色彩形成的自然因素

人们生存于大自然之中，并且不断地向大自然索取，所以自然因素成为影响人们日常生产、生活最直接也是最主要的因素。乡村色彩的形成显然是大自然的馈赠，人们在创造乡村景观色彩的同时自然要充分考虑到自然因素所带来的影响。以下笔者就先通过图 4-1，将影响乡村色彩形成的自然因素直观地呈现出来，并在本节正文中逐一进行阐述。

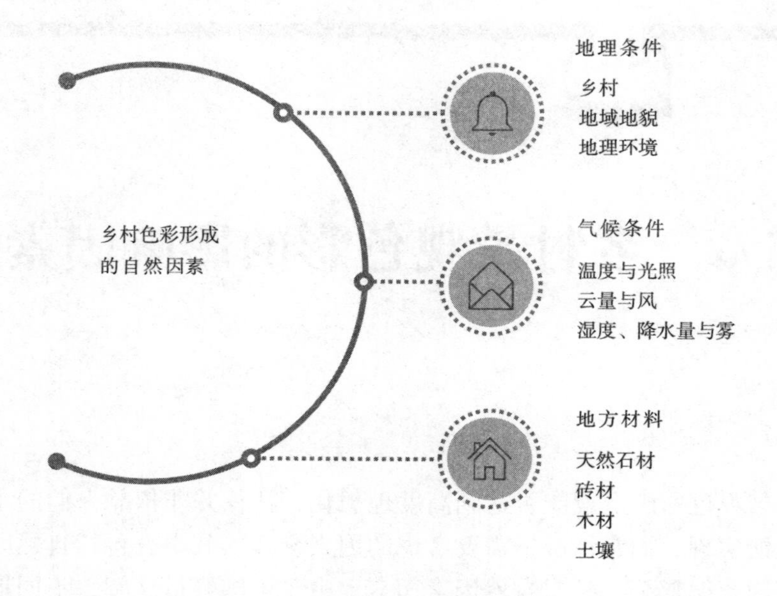

图 4-1　影响乡村色彩形成的自然因素

如图 4-1 所示，在乡村色彩形成的过程中，自然因素所带来的影响极为多样，而这也意味着乡村景观色彩的规划要考虑更多自然因素所提供的优势，以及所带来的制约，进而方可确保乡村景观色彩的形成更加趋于合理，更能彰显其艺术魅力。为此，在本节内容中，笔者就立足地理条件、气候条件、地方材料三方面，将影响乡村色彩形成的自然因素进行深入剖析。

一、地理条件

“地理条件”是指一定地点或地区的山川土地形势、位置、气候等自然环境及资源、物产、交通等经济性因素的总情况，不仅会对区域经济发展产生重要影响，同时也对区域文化的形成带来直接作用。乡村色彩文化作为乡村社会文化的重要组成，在探讨乡村色彩形成的影响因素时，显然要对地理条件进行深入分析。在这里，笔者就立足乡村的产生在中华民族文明形成、传承、发展中的重要作用，以及地域、地貌在乡村格局形成中的重要性和在现代社会乡村建设中的重要地位三方面，地理条件在乡村色彩形成中所具有的影响进行分析。

（一）乡村是中华民族文明的成果与载体

中国社会发展的基本构成主要有城市和乡村两部分，并且非城镇人口数量所占比例明显要高于城镇人口比例，自古以来皆是如此，诸多人类智慧出自乡村，可见乡村是中华民族文明传承与发展的重要成果和载体。其中，色彩的功能性也在乡村发展中得以形成，接下来笔者就通过三方面，将这一观点进行深度说明。

1. 优越的地理自然环境成为乡村建设与发展的根本前提

古语有言："良禽择木而栖"[1]，其字面的意思就是指优秀的禽鸟会选择理想的树木作为自己栖息的地方。禽类尚且如此，更何况拥有五千多年文明发展史的中华民族，在民族发展之路中必然会通过伟大的智慧建设栖息地，同时寻求发展的可持续性。其中，优越的地理自然环境就成为建设与发展的必然前提，村落由此逐渐形成，并且在规模上随着历史的推移不断扩大。在此发展道路中，劳动人民更是依托自己的智慧不断造就伟大的辉煌和成就，让优越的地理自然环境为民族发展所服务，而这恰恰是人、社会、自然和谐共生的基本体现，也是中华民族自古以来始终屹立于世界民族的主要原因。故而，在探索乡村色彩形成道路中，自然因素所起到的影响时，必须将地理条件放在首要位置，而分析地理条件时，必须先深刻认知伟大的民族智慧与乡村建设和发展之间的关系，进而从中感知优越的地理自然环境作为乡村建设与发展的必然前提，也是乡村成为中华民族文明成果与载体的重要前提。

2. 色彩与地理自然环境高度吻合成为可持续发展的必然条件

在上文中，笔者已经阐明了乡村在中华民族文明发展史中的由来，以及形成的基本前提条件，明确民族智慧在乡村建设与发展中的体现。其间，乡村色彩与自然环境的高度吻合也是最为直观的表达。具体而言，自古以来，中华民族就有积极进取的民族精神，该民族精神的形成则是源自人们对美好生活的寄托与期盼，在乡村建设与发展中就能够充分体现出来。其中，在房屋搭建过程中，不仅考虑到坚固性，将具有韧性并且可以获得的资源作为建筑材料的基本选择，同时还将自己对美好生活的期盼之情的表达作为一种装饰，进而形成具有地域风情和自然风情的

[1] 左丘明．春秋左传集解[M]．上海：上海人民出版社，1977.

乡村色彩，让人与社会之间体现出和谐关系，也成就乡村的可持续发展，更让中华民族发展道路不断呈现新的辉煌拥有理想载体。

3. 建筑材料与建筑风格取决于地理自然环境条件的给予

从定义层面讲，“建筑材料”是指建筑工程中所应用的各种材料，随着时代的发展也呈现出种类多样这一特点，同时在不同时代背景之下更体现出固有特征，进而也让建筑本身更有装饰性和艺术性。乡村发展道路中，建筑材料固然也有鲜明的时代特色，不同时代背景下的乡村建筑风格自然也具有地域性特征。自古以来，中华民族就在建筑领域体现出超强的造诣，深知“大自然馈赠”的道理，所以在建筑材料的选择与获取上，往往是根据优越的地理自然环境而定，再用勤劳的双手和无限的智慧进行加工和运用，最终成就具有地域特色的建筑风格，由此让乡村与自然相得益彰，乡村色彩也呈现出贴近自然和富有创造力的效果，乡村色彩自然也在历史发展道路中逐渐积淀下来，并呈现出创新之势。而这也是中华民族文明发展道路中的一项重要成果，更充分说明乡村是中华文明经久传承、弘扬、发展的重要载体。

（二）地域和地貌是乡村格局形成的基本作用条件

在学术界，“地域”泛指一定的地域空间，在不同的地域空间内会有不同的自然因素和人文因素存在，因此地域本身具有区域性特征。而“地貌”主要是指地表所呈现出的形态，故而也具有区域性特征。在这些区域特征的共同作用之下，乡村格局必然会呈现出特色性，同时也造就乡村文化的差异，因此乡村色彩文化存在明显不同。由此可见，地域和地貌都会直接影响乡村色彩的形成，接下来笔者就从以下三个方面将该观点加以论述，从而说明地域和地貌为乡村景观色彩所带来的影响。

1. 气温差异较大形成了乡村社会不同的自然环境

“气温”顾名思义，是指空气冷热程度的物理量，不同气温影响之下自然环境会有截然不同的表现，从而造就不同的环境色彩，乡村社会环境色彩也是如此，气温的差异所造成的影响能够让乡村社会环境色彩各异。具体而言，气温必然会影响植物种类的多样性和生长过程，常年气温较高则为植物种类的多样性提供良好的气候环境，反之则不然。而在不同植物生长环境下，人们对生存环境的色彩需求更是呈现出多样性特征，进而乡村自然环境中的色彩需求也呈现出差异化特征。例如，海南地区常年气温较高，植被的种类较多且生长周期较长，绿色显然是乡村色彩中的主色调。基于此，宜人的自然环境也让人们在乡村色彩上有更为明显的需求，各种花色的映衬也随之成为乡村社会自然环境的重要组成部分，在该自然环境的衬托之下，人们对乡村环境色彩的需求也会从中受到启发，为乡村底色的形成与发展奠定基础。

2. 不同的地貌造就了风格各异的乡村底色

“地貌”是各种地表形态的总称，通常也被称为地形，由于中国幅员辽阔，所以地表形态多种多样，进而也造就了不同的地域特色，而地域文化正是在不同地貌中逐渐形成，乡村的建设与发展更是受到不同地貌的影响，进而形成风格不同的乡村文化。色彩文化不仅是中华优秀传统文化的重要组成部分，更是乡村文化框架的基本组成，在不同地貌的影响之下，乡村色彩文化本身的底色也就此形成。如中国西南地区的地貌以高原和山地为主，青青草原和皑皑白雪是大自然赋予乡村的自然色彩，而红砖黄瓦则诉说着人们对美好生活的寄托。除此之外，金色的装饰更是人们对阳光灿烂的追求。因此，这也赋予乡村独具风格的底色，其他地域乡村建设与发展更是如此，因而造就中国乡村色彩风格的多样性。

3. 不同的地理自然环境更成就了色彩文化多样性

“自然环境”泛指水土、地域、气候等自然因素共同作用之下所形成的环境，中国由于地理自然环境高度多样化而派生出不同的乡村色彩之美，乡村色彩文化由此也尽显多样性。具体而言，东南沿海地区乡村处于中国东南部，属湿热气候类型，并且以山地和丘陵地形为主，不仅气候湿润怡人，并且植被茂盛，小桥流水和青翠的山峦自然成为该地区自然地理特色。所以，在这样的自然地理环境的作用之下，白墙、青瓦、原木就成为该地区乡村建筑的主要颜色选择，不仅将乡村装扮得十分绚丽生动，更能彰显乡村建设与发展的勃勃生机，同时蕴含着较为深刻的乡村文化。其他地区依然如此，无论是传统建筑还是现代建筑，都因自然地理环境造就出独具一格的乡村色彩文化。

（三）地理环境在现代乡村建设中占据主导地位

现代乡村建设显然以中华民族伟大复兴作为时代主题，乡村振兴更是战略重点。其中，文化振兴是基础中的基础，地理环境作为乡村文化发展的根本影响因素，在现代社会乡村建设道路中依然占据主导地位，最终也成就乡村色彩文化的多元化发展，同时更加彰显乡村色彩本身所具有的文化魅力和艺术魅力，接下来笔者就通过三个方面将其加以说明。

1. 乡村建筑材料的选择指向性更强

建筑材料的选择与使用不仅能够说明中华民族智慧的伟大之处，更能对公共区域环境色彩造成直接影响。在上文中，笔者已经阐明在不同地理自然环境的作用之下，乡村环境色彩的底色更加鲜明，同时人们对环境色彩的需求也更加明确，既然自然地理环境所呈现出的色彩不能改变，那么必然会通过人为途径来追求人们内心所向往的乡村色彩，建筑材料的选择与使用则是最直接，也是最有效的渠道。依然以海南地区为例，绿色作为乡村环境色彩的底色，而繁多的花色能够为人们内心所向往的理想环境带来一定启发。淡蓝色能够给人们带来舒爽的感受，进而在建筑材料的选择中，淡蓝色的喷涂类材料等就成为现代社会乡村建筑材料的主要选择，从而与地理环境所赋予的乡村底色相呼应。

2. 乡村文化色彩和建筑材料色彩充分反映人文精神

在地理自然环境的作用之下，乡村文化的形成无疑经历了漫长的历史积淀过程，不仅呈现具有地域特色的民族风情，同时更彰显地域人文精神。在乡村文化的发展道路中，人们对美好生活的向往无疑具有延续性，固有的乡村文化也会成就乡村色彩文化的产生与发展。伴随历史车轮的转动，在人们追求美好生活的道路中，乡村环境色彩必然会不断完善，并且始终与乡村文化的精髓保持高度一致。因此，现代乡村文化色彩和建筑材料色彩更是对乡村人文精神的充分反映。例如，“黑白灰”普遍作为乡村色彩文化中的基本组成部分，其文化寓意充分反映出中华民族独有的人文精神。伴随时代发展脚步的不断加快，在保持乡村传统色彩文化精髓的基础上，富有时代特征的色彩成为乡村文化色彩和建筑色彩的主要选择，这无疑是对民族人文精神的一种继承、弘扬和发展，充分彰显乡村色彩文化在现代社会所散发的独特魅力。

3. 自然环境色彩与人工建造物色彩交相辉映

现代乡村环境色彩的设计与规划，不仅要高度符合时代发展的主题，更要高度立足乡村文化所积淀的成果，由此确保乡村环境色彩更能烘托传统文化氛围和现代文化氛围，从而彰显现代乡村环境色彩的艺术气息。这也充分说明自然环境色彩与人工建造物色彩之间必然保持交相辉映。具体而言，自然环境作用之下所形成的乡村文化必然是对乡村色彩文化的承载，在现代社会发展道路中显然要加以保护，将其传承并大力弘扬下去。在不同历史阶段，人们对精神生活有着不同的需求，所以乡村文化在不同历史阶段都有着不同程度的发展，乡村色彩文化也是如此。进入现代社会，人们更是会通过人工建造物让乡村色彩更加丰富，满足内心的精神需求，故此二者之间的交相辉映能够推动乡村色彩文化的可持续性发展。

二、气候条件

从人们日常生产与生活角度出发，气候条件是否适宜显然直接影响人们日常生产、生活的质量，所以在选择生产与生活环境时，必须将气候条件是否适宜作为重点考虑的因素。乡村景观色彩作为人们日常生产生活环境中的重要组成部分，能否呈现出理想的视觉效果显然备受人们关注，而这恰恰受到所在区域气候条件的直接影响。针对于此，笔者接下来就从气候条件的重要组成因素出发，将其对乡村景观色彩所造成的影响进行深入分析，从而为有效进行乡村景观色彩设计与规划提供重要依据，具体如下。

（一）温度、光照与乡村色彩

温度和光照是人们生存的基本条件，该条件无疑也是最基本的气候条件之一，适宜的温度和湿度必然会为人们营造出理想的生存环境，乡村景观色彩的理想化呈现显然也需要较为理想的温度和光照条件。笔者接下来就针对以上两个基本气候条件对乡村景观色彩的影响进行论述，希望能够为有关学者及相关从业人员带来一定的启发。

1. 温度与乡村色彩

温度是指某一地区常年的平均气温，平均气温的高与低必然会影响人们的主观感受，并且形成一种特定的心理反应。针对区域公共环境色彩而言，年平均气温会导致人们对环境色彩有着不同的期望和向往，进而形成一种较为直接的心理反应，乡村色彩的形成也是如此。具体而言，年平均气温的高与低会导致人们在生理上形成一种与之相平衡的色彩趋向，久而久之，人们会在生理趋向的作用下，内心逐渐形成与常年气温相平衡的主观感受，并将其充分表达出来。一般来说，常年气温较低的地区，人们通常在生理上更加趋向暖色调的公共区域环境色彩，反之则更加趋向冷色调的环境色彩。

2. 光照与乡村色彩

光照程度往往取决于日照量的多少，地理纬度和季节也会影响一个区域的光照程度，乡村景观色彩的产生显然会受到光照程度的影响。具体而言，光照时间越长，往往公共区域建筑物所吸收的紫外线越多，建筑物表面的温度就会越高，从而导致建筑物内部的温度随光照时长的增加而不断升高，乡村公共区域建筑物显然也不例外。因此，公共区域在色彩选择上往往会根据光照程度来选择，以此达到降低建筑物内部温度的目的。例如，光照程度较高的地区，人们在建筑物色彩选择上，通常会将浅颜色作为主要选择，这样不仅可以给人们一种较为宁静的心理感受，同时也有助于建筑物表面的散热，进而达到降低建筑物内部温度的目的。对光照程度不高的地区而言，人们在建筑物表面往往会选择极深的色调，这样建筑物表面不仅具有聚光的效果，更能给人们带来一种温暖的心理感受，达到提高建筑物内部温度的目的。

（二）云量、风与乡村色彩

云量和风显然能够影响自然环境中的光照、温度、湿度，云量的多与少，以及风速的快与慢都会造成自然环境光照强度、温度、湿度发生明显改变，进而影响人们日常工作与生活。其间，环境色彩所呈现的视觉效果更会受到直接影响，乡村景观色彩的视觉呈现效果显然也不例外。基于此，笔者接下来就深入探讨云量和风两个基本气候条件对乡村景观色彩的影响。

1. 云量与乡村色彩

“云量”是指云遮蔽天空视野的成数，遮蔽成数越高，说明区域光照程度越低，同时会造成区域湿度较大，反之则说明区域光照程度较高，城市湿度相对较小，乡村环境也是如此。针对公共区域色彩选择而言，云遮蔽天空的成数越高，就说明公共区域建筑物所能够吸收到的紫外线越少，所以公共区域建筑物表面温度相对较低，建筑物内部温度也会较低。在此情况下，建筑色彩通常会以暖色调为主要选择。反之则意味着建筑物表面所吸收的紫外线较多，建筑物表面的温度相对较高，室内温度也会随之有所提升，进而建筑物表面通常会以冷色调为主要选择。乡村公共区域建筑物也是如此，进而形成与区域云量相适应的乡村社会环境色彩。除此之外，云量的多与少往往还与季节有着直接的关系。夏季多云天气较多，但光照时间较长，所以乡村公共区域环境色彩的选择应以中性色调为主。南方高温地区由于高温天气较多，所以乡村公共区域环境色彩应以冷色调为主要选择；北方严寒地区夏季较短，因此应将暖色调作为公共区域环境色彩的主要选择。

2. 风量、风速与乡村色彩

“风量”在学术界中的定义为单位时间内空气流通量，而“风速”是指在单位时间内空气流通的速度，其大小显然会对空气质量以及建筑物表面造成重要影响。毋庸置疑的是，色彩的视觉效果在这些方面有着较高的要求，其原因非常简单，风量过大必然会导致风沙环境，风速过大必然会造成建筑物或景观外表出现开裂的情况，这些显然都会影响色彩展现的视觉效果，乡村景观色彩也是如此。所以在进行乡村景观色彩设计、规划、选择过程中，必须重点考虑风量和风速的影响，由此方可确保乡村色彩设计与规划方案，以及建筑材料的选择呈现出更好的色彩效果。

（三）湿度、降水量、雾与乡村色彩

湿度、降水量、雾三者之间的联系极为紧密，不仅可以充分反映某一地区的气候条件，同时更能对某一区域环境造成直接影响，公共区域环境色彩自然也不排除在外，乡村景观色彩更是如此。接下来笔者就针对湿度、降水量、雾对乡村色彩所造成的直接影响进行有效阐述，希望广大相关从业人员进行乡村景观色彩设计与规划时，能够将湿度、降水量、雾三个基本气候条件加以充分考虑。

1. 湿度与乡村色彩

“湿度”是指空气干湿程度，即空气中所含水汽多少的物理量。在温度特定的条件下，单位体积的空气中，所含水汽越高则说明湿度越大，

含水汽越少则说明空气越干燥。在人们的生活环境中，空气湿度较大或较小显然都不适宜，环境色彩的视觉传达也会受到影响。具体表现在两个方面：一是如果在温度适宜的条件下，空气中水汽越大越容易导致物体表面出现变质的情况，建筑物表面由于空气中的湿度较大，最终必然会出现发霉变质的情况，由此影响色彩的视觉传达效果；二是如果在温度适宜的条件下，空气中的水汽较少就说明空气较为干燥，长时间处于开放状态的建筑表面必然会出现开裂等现象，这不仅影响建筑物的美观性，同时色彩本身所具有的视觉传达功能也会受到严重影响。对此，在制订和实施乡村景观色彩设计与规划方案时，应充分考虑所在区域的空气湿度情况，既要做到色彩搭配的合理性，又要做到科学选择建筑材料的类型，以此确保乡村景观色彩的视觉传达效果始终保持最佳状态。

2. 降水量与乡村色彩

"降水量"是指一定时间内从天空降落到地面上的液态或固态（经融化后）水，未经蒸发、渗透、流失，而在水平面上积聚的深度。在这里，笔者主要针对雨水的降水量进行阐述。通过定义可以看出，降水量的多与少不仅会对农业生产产生必然影响，同时也会对公共区域建筑物的景观色彩造成直接影响。具体原因非常简单，主要体现在两个方面：一是建筑物表面受到雨水冲刷的次数会随降水量的变化而变化，二是建筑物表面色彩的还原度会随降水量的变化而变化。针对前者而言，降水次数越多，建筑物表面受到冲刷的次数越多，更有助于提高建筑物表面色彩还原度，反之则不然，建筑物表面色彩会因空气中的附着物变得暗淡，色彩的视觉传达效果因此大幅降低。针对后者而言，建筑物经过雨水的反复冲刷，必然会变得光亮如新，色彩的视觉效果显然会更加趋于理想，但是经过反复的雨水冲刷，建筑物表面必然也会出现变质的情况，而这显然也会对建筑物色彩的视觉效果带来严重的负面影响。为此，在乡村景观色彩设计与规划过程中，无论是设计方案，还是材料选择，都必须将降水量这一影响因素加以充分考虑。

3. 雾与乡村色彩

"雾"是指在接近地球表面、大气中悬浮的由小水滴或冰晶组成的水汽凝结物，是一种常见的天气现象。该天气会对人们的视觉产生影响，并且雾气越大影响程度越高，反之则不然。公共区域环境色彩自然对视觉效果有着极高的要求，因此该天气条件显然会对公共区域环境色彩的视觉传达效果造成不同程度的消极影响，乡村景观色彩自然也不例外。针对于此，在乡村景观色彩设计与规划方案中，必须考虑乡村所在区域的天气条件，选择适宜的色彩和建筑材料，由此确保景观色彩能够最大限度呈现良好的视觉效果，让乡村景观色彩能够真正展现乡村文化特色，并与时代发展主题保持高度吻合。

三、地方材料

就人类有效运用材料构建生存空间而言，显然已经有着极为久远的历史，自原始社会修建岩洞开始，就已开启了这一历史进程，随着历史车轮的不停转动，人们更是可以依托自然界存在的资源去选择建筑材料，进而构建更为适合生存的环境与空间，并且建筑本身的质地、性能、色彩也更加具有特色。在这里，建筑材料总体可以分为自然建筑材料和人工建筑材料，而前者主要是指地方材料，这也是人们构建环境色彩的根本。所谓的“自然建筑材料”是指自然界可以用于建筑工程施工，并且无须进行加工的天然材料，原生态和天然性显然是该类建筑材料固有的特征，将其运用于建筑工程之中，必然会让建筑本身体现出较强的自然性，具体表现就是色彩本身较为柔和且具有层次感。地方材料显然是自然建筑材料的集中体现，主要包括天然石材、砖材、木材、土壤，这四种自然建筑材料在乡村建筑工程中显然应用极为普遍，所呈现出的色彩更能彰显人与自然的和谐共生。对此，接下来笔者就立足以上四种地方材料，将其对乡村景观色彩产生的影响进行深入分析。

（一）天然石材

该类地方建筑材料显然有着种类较多和色彩丰富的特点，所以在公共区域建筑工程中，普遍用于室内和外墙的装饰。就其色彩而言，天然石材由于表面粗糙程度不同，所以彩度也不尽相同，色相和明度也存在明显的差异，但是色彩和质感都能充分体现出较为厚重的特征。具体而言，海拔较高的地区虽然木材较稀少，但天然石材资源却十分丰富，这样该建筑材料就成为地方建筑材料的理想选择，公共区域的环境色彩自然也呈现出极为冷峻的灰色调。

东南沿海地区同样有着山地这一地貌，天然石材资源也极为丰富，因此人们在建筑工程施工中也会将其作为建筑材料的主要选择。而由于东南沿海地区气候湿润并且常年气温偏高，也意味着人们在生理层面更加趋向于冷色调的色彩需求。对此，为了更好地适应当地传统文化的传承、弘扬、发展，以及人们生理层面的色彩需求趋向，在当地公共区域环境色彩的设计与规划中，需将灰色和白色的天然石材作为主要的建筑材料，由此来满足人们在公共区域的色彩需求。

另外，在中国西北部地区，天然石材资源也较为丰富，并且也是该地区主要的建筑原材料，其中以大理石、花岗石、石灰石为主。由于当地所产大理石与西北沙漠景象更契合，所以在建筑材料的选择上人们更加倾向于天然大理石，因此该地区所呈现出的区域公共环境色彩为黄灰色。特别是在蔚蓝的天空映衬之下，环境色彩显得更加层次分明并充满力量感，让人们身处该空间时能够感受到莫名的震撼。

（二）砖材

毋庸置疑的是，在中华民族文明发展史上，砖瓦烧制由来已久，并且始终作为建筑史上的主要建筑材料。其原因不仅在于此种建筑材料的造价极为低廉，而且在于其色泽较为含蓄同时极具质感，而这也正是无论是中国古代还是现代，都将其作为主要的建筑材料的重要原因。在此期间，由于砖的烧制技术存在明显差异，所以会有红砖和青砖两种颜色出现，同时根据使用方式的不同，也会产生截然不同的质地效果。通常情况下，由于青砖本身空隙较小，并且具有抗腐蚀和抗风化的特点，因此从古至今都普遍将青砖作为建筑材料。

另外，还有一个重要地域特征不可否认，就是中国南方和北方在土质、气候条件、砖瓦焙烧技术方面存在明显不同，所以砖瓦所表现出的色彩也会有所差别。其中，南方青砖的颜色明显要比北方更深，呈现出深灰色。例如，在中国的吴越地区，以青砖为主要材料的建筑通常会呈现出深灰色，而同样以青砖为主要建筑材料的燕赵地区，建筑本身所呈现出的颜色就明显要浅一些，色彩差异显然更为明显。

再如，以唐山市为代表的城市，其建筑通常也以青砖作为主要材料，不仅在色彩方面与南方地区相比颜色更浅，同时在砖块的大小和重量上，明显体积更小并且重量更轻，这是由于唐山处于地震带上，青砖不仅要体现出色彩美观，更要具备抗震的性能，这也成就唐山地区环境色彩的主要基调，乡村景观色彩的呈现更是如此。

（三）木材

木材作为自然界最容易获得的建筑材料，不同的地域，在材料种类上也会有所不同。但是，木材本身的质地较为细腻，色彩较为柔和则是共有的特性。所以，在建筑工程中，不仅将其作为结构性材料，同时也将其作为装饰材料所用。在乡村建筑工程中，无论是古代还是现代，木材都是主要的材料选择对象，并且深受各地人们的喜爱。

另外，该地方材料经过加工之后，可以将原木的纹理和色彩充分体现出来，将其上色之后，其色彩和纹理更是呈现出艺术效果，因此该地方材料不仅作为城市建筑材料的主要选择，在乡村建筑中也被视为具有艺术性的建筑材料。

在我国南方地区，木材的品种不仅具有多样性，同时还有大量的竹材料可用于建筑工程中，其色彩表达的效果更是呈现出多样性的特点。其中，松木、梨木、铁木等都是建筑工程木材的主要选择。另外，松木也作为最常见也是较为高端的装饰材料，将其用彩色油漆覆盖能呈现出丰富艳丽的建筑色彩。北方地区作为中国木材的主要产区，其品种的丰富性更是不言而喻，建筑工程不同结构都由相应的木材品种作为理想材料。特别是在主梁或者其他构件上，将木材用彩色油漆喷涂，自然能够呈现出不同等级的色彩效果，满足人们审美需要。

除此之外，在我国一些炎热潮湿气候较为突出的地域，建筑材料的选择则呈现出砖、石、木混用的情况，如浙江绍兴、江苏苏州等地，搭建二层楼房是以砖石结构为基，木结构则是上层结构，进而呈现出极为朴实和极富文化内涵的色彩效果。

（四）土壤

土壤作为建筑史上应用最为普遍，并且充分体现地域建筑色彩的基本建筑材料，其用量更是令人叹为观止，这一特点不仅在中国建筑史上得以充分体现，在世界建筑史上更是如此。追溯砖块产生的历史源头，砖块最初是以天然的形态出现。具体而言，就是尼罗河、幼发拉底河、底格里斯河流域河滩上游常年堆积淤泥，经过长时间的暴晒出现严重的干裂现象，人们将其加以塑形之后就形成了最初的砖块，并且将其作为一种建筑材料应用于房屋的构建中。而在色彩上，最初人们运用砖块所搭建起的房屋往往呈现棕土色、赤土色、土黄色，色彩极具代表性。随着时间的推移，不仅中国在建筑领域依然将土坯作为建筑材料，全世界也都存在用土坯作为建筑材料的历史，而这些土坯都是源自灰色黏土或红色黏土。

在前文中，笔者已经明确指出由于中国幅员辽阔，不同的自然环境造就了不同的天然石材资源和木材资源，资源本身所呈现出的色彩也不尽相同，土壤显然也是如此，不同地域在不同自然环境的作用之下，土壤颜色也有明显不同，进而所造就的建筑材料的色彩也存在明显差异。如中国东北地区和草原地区的土壤，主要以黑色和栗色为主，而华北地区的土壤颜色主要呈现浅棕色，华中、华东、华南地区的土壤则呈现红色，陕北地区的土壤颜色则为黄色。所以，以土壤为主的建筑材料往往在色彩上都保持浑然天成，这不仅让建筑色彩呈现出朴实无华的乡土质感，同时能彰显特有的环境色调。

另外，在土壤这一地方材料的使用上，往往都会呈现出与环境色彩相和谐的关系，从而造就人们能够接受并且喜欢的景观色彩，因此可以得出一条极为重要的结论，即土壤是中国公共区域环境色彩的重要载体。其间，由于中国地域非常广阔，南方和北方地区日照条件、降水量、空气透明程度都有着明显不同，这些因素会影响土壤在建筑材料使用过程中的色彩变化，而这也意味着人们在使用土壤这一地方建筑材料时，要想得到满意的色彩，就需要将其建筑工艺不断进行深化，在乡村景观色彩的设计与规划过程中，土壤这一地方材料的使用显然也是如此。

在土壤这一地方材料的使用过程中，有效做出选择无疑是极为重要的一环，其间既要考虑到公众对公共区域环境色彩的基本需求，同时还要充分考虑土壤的加工方法是否具有可操作性，由此让土壤本身在建筑中所呈现的色彩效果更加趋于理想化。具体操作应该包括两个部分：一是充分考虑所在地域气候条件对人们环境色彩需求所带来的影响，二是充分考虑土壤本身在加工过程中所呈现出的粗糙程度。就前者而言，南方地区由于高温炎热，并且降水量较大，因此人们对环境色彩的心理需求取向更加倾向于冷色调，所以在利用土壤焙烧砖瓦的过程中，要将青砖和青瓦作为主要选择，以此来确保建筑色彩可以呈现出冷色调。而对东北地区而言，由于常年平均气温较低，并且降水量较少，因此在利用土壤焙烧砖瓦的过程中，应将红砖红瓦作为主要选择，由此确保建筑本身能够呈现出暖色调。就后者而言，土壤经过加工后呈现出的建筑材料往往会有不同的粗糙程度，粗糙程度过高容易造成其他建筑材料色彩的稀释，粗糙程度过低往往更利于其他建筑材料进行色彩视觉传递，并且有助于其他建筑材料更好地展现出色彩装饰效果。

例如，在中国东北地区，土壤颜色呈现黑色或黑褐色，由于受到气候条件的影响，人们在环境色彩上更加倾向于暖色调，所以建筑物表面色彩更应呈现出该色调，使用土壤进行砖瓦焙烧过程中，不仅要让砖瓦呈现出红色，同时还要确保砖瓦本身的粗糙程度降到最低，以此来满足其他建筑材料在砖瓦表面更好地呈现暖色调色彩，烘托更加适合地域气候的环境色彩。乡村景观色彩的设计与规划过程中，对于土壤这一地方材料的使用更是如此，不仅可以增加环境色彩的乡土气息，还可以使人们内心的色彩需求得到充分满足，最终让环境色彩本身的文化性和艺术性得到充分表达，使该地域为人们带来较为理想的视觉享受。

综合笔者本节所阐述的观点，不难发现在乡村色彩形成的过程中，地理条件、气候条件、地方材料三个自然因素所产生的影响极为明显，不仅可以影响乡村色彩文化的形成与发展，更能展现乡村色彩文化的多样性和引领乡村色彩发展的时代方向。在此之中，乡村色彩文化的多样性更是乡村人文环境形成与发展的总体反映，因此在探明自然环境对乡村色彩形成的影响后，要继续探讨人文因素对乡村色彩形成的影响，而这也是笔者在下节所要研究的内容。

第二节　乡村色彩形成的人文因素

在上文中，笔者已经通过地理条件、气候条件、地方材料三方面，阐述自然因素对乡村色彩形成所带来的影响，这无疑是乡村文化形成与发展的基础条件。然而，乡村色彩文化作为乡村文化的重要组成部分，同时人文环境更是乡村人文环境的重要组成部分，所以在乡村景观色彩形成的过程中，必须考虑人文因素所带来的影响。接下来，笔者就先通过图 4–2，直观地呈现影响乡村色彩形成的人文因素。

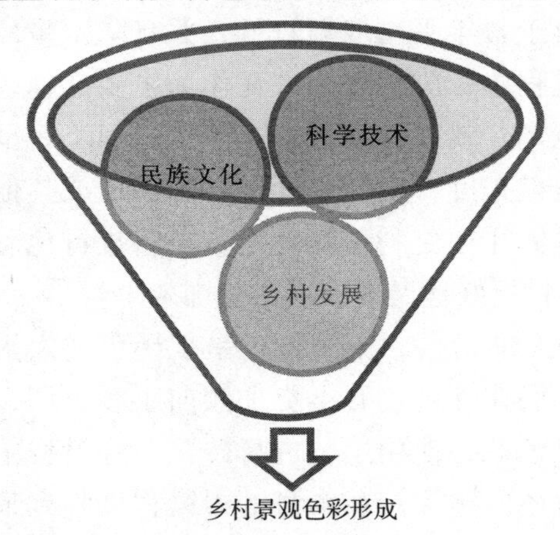

图 4–2　影响乡村景观色彩形成的人文因素

通过图 4–2 可知，在乡村景观色彩形成的过程中，除自然环境等不可抗拒的因素之外，还有诸多人为因素能够影响其景观色彩的形成。其中，排在首位的无疑是民族文化因素，其次是科学技术，最后则是乡村发展。这些因素往往也是乡村景观色彩规划过程中需要高度关注的。本节笔者就立足以上三方面将人文因素所带来的影响加以客观阐述，并说明在乡村景观色彩规划过程中必须加以重点关注的原因，具体如下：

一、民族文化

民族文化作为民族社会人文的总体反映，各领域的发展固然都能深刻呈现民族文化内涵，同时充分体现民族人文风情并彰显人文精神，乡村色彩的形成自然也是如此，人文因素从中发挥的作用自然不能忽视。对此，在探究该影响因素的过程中，首先应该以中华优秀传统文化作为重要突破口。接下来笔者就以此为立足点，从以下三个方面对其加以说明。

（一）中国古代色彩的形成

在中华优秀传统文化中，认为世间万物都是由“五行”来支配，即金、木、水、火、土，这五种物质的不断运动和相互作用最终形成事物发展的必然结果，而这也正是代表社会发展的自然之力，人们所采取的各项措施都不能与之抗衡。

除此之外，在古代，人们认为五行之间的运动和相互作用存在“相生相克”，而这也正是民族和社会发展生生不息的力量源泉，其中事物内部阴阳运动变化就是抽象性的概括。基于此，笔者经过探索五行的运动变化和相互作用，总结出“整体”和“变化”是该说法所关注的重点，强调世间万事万物的发展都在生克制化下进行，进而形成世界万物的运动变化，而这显然也是中国传统色彩文化产生的根本，更是中华民族优秀传统文化的瑰宝，展现出中国古代社会所坚持的世界观，并且也成为具有中国特色的文化学说，乡村色彩的形成固然也受该文化学说深刻影响。

再从中国古代世间万事万物发展的规律出发，金、木、水、火、土的运动变化，自然也有五种颜色与之相匹配，进而形成五色，即青、赤、白、黄、黑，而这一说法在我国古代也有相关的史料记载，即《周礼·考工记》。随着时代的变迁，人们逐渐将这五种色彩归纳为“五彩”，进而随之出现“五彩斑斓”“五彩缤纷”“五彩兼施”等成语。

另外，在中国传统文化中，认为五行所对应的五色寓意更深，将其视为“德”的一种表现，不同颜色所表现出的“德”也各不相同。例如，夏朝和秦朝时期，将黑色作为“德”的象征，统治者以黑袍加身；而周朝和汉朝时期则以赤色作为“德”的象征，统治者的服饰颜色为红色；唐朝和清朝时期则以黄色作为“德”的象征，统治者的服饰颜色为黄色。而在不同历史时期，广大乡村劳动人民显然不能将上述颜色作为服饰色彩。

再从五行相生相克的规则出发，中国古代色彩文化的形成与发展固然也呈现出较为明显的民族特色。就相生规则而言，“火生土”等规则造就了区域环境色彩的鲜明特征。以“火生土”为例，“火”为“赤”，而“赤”则代表红色，所以在中国古代社会中，紫禁城以红色作为主要的色彩选择，如城墙、宫墙、檐墙、门窗、柱框都是将红漆作为装饰颜色进行粉刷，同时屋顶则是用黄瓦覆盖，其寓意就是大好河山永固。就相克规则而言，“木克土”等规则同样造就区域环境色彩的鲜明特征。以此为例，“木”在中国古代社会意味着“青”，而“青”在现代社会被视为绿色。因此，在古代紫禁城外朝中轴线的中部和南部不种植树木，太和殿、中和殿、保和殿、乾清宫、坤宁宫自然也不种植任何花草树木。这无疑是对中国古代社会主流文化的一种真实反映，更是对中国古代色彩文化的深刻诠释，在中国古代乡村景观规划与建设中，更是遵循上述五行相生相克的规则。

从中国古代社会的色彩使用分析，色彩的使用呈现出明确的等级规定，建筑物等级不同，自然在色彩的选择与应用上有着明显区分。例如，“青”为“绿”，象征着朝气蓬勃，所以在古代社会青年人居住的场所的屋顶通常用绿瓦，也是民间建筑色彩的主要选择。而黄色则是尊贵的象征，所以帝王将相的住宅以黄瓦来装饰房顶，民间则不能将其作为房屋顶部的建筑材料和颜色选择等，这也充分彰显出古代中国环境色彩规划的主要特征。

（二）色彩的等级制度与地域性

从中国古代社会发展角度分析，由于不同时期的社会制度存在明显不同，所以人们的社会角色存在明显差异，而色彩也逐渐成为区分人们社会角色的重要工具之一，并且随着历史发展逐渐成为一种森严的制度。与此同时，每个地区由于文化发展的背景不尽相同，由此也导致各地区之间人们对色彩的认知和理解存在明显差异，色彩本身所代表的社会角色也各有不同，乡村景观色彩的形成也深受其影响。

就色彩的等级制度而言，中国古代社会通常将其作为“礼”的一种重要表现，是人们彼此尊重不同社会角色的行为体现。对此，在中国古代社会，不同地域关于色彩的选择与应用制定了明确的规定，什么样的社会角色可以使用哪些色彩，在建筑、服饰、日常生活用品中可以使用哪些色彩都加以明确要求，并且一旦出现与规定相违背的情况，不仅会在全社会受到道德层面的谴责，更会受到律法层面的惩罚。由此可见，自中国古代起，色彩在人们心中的地位就极为重要，不仅是社会角色的象征，也是一种社会文化象征。现代社会公共区域环境色彩的设计、规划、使用和发展，无疑会受到中国传统色彩文化的影响。

就色彩的地域性而言，广袤的中华大地孕育着优秀的民族传统文化，由于所处地理位置不同，所以各地域文化发展的历史背景各不相同，文化的地域性也由此得到充分体现。色彩文化作为中华优秀传统文化的重要组成部分，文化的地域性自然也会造就不同的区域色彩文化，随着时间的推移，人们感知色彩的视角也会变得更加具有代表性。在上文中，笔者已经明确中国古代社会对不同社会角色的人群，在建筑、服饰、日用品等方面的色彩使用上，有着明确的规定和要求，但在不同地域文化发展的历史背景之下，人们针对不同社会角色的色彩认知也各有不同，这就导致不同地域不同社会角色的人群，在建筑、服饰、日用品的色彩选择、设计、使用方面有不同的特色，进而使中国古代色彩文化不仅具有极为明显的民族性和地域性，更具有极为突出的文化性色彩。中国古代色彩文化作为中华优秀传统文化的重要组成部分，色彩的等级性与地域性的特点自然会在乡村景观色彩中淋漓尽致地展现出来，而具有地域色彩的文化传承过程，必然会对乡村景观色彩的形成与发展产生至关重要的影响。

（三）中华优秀传统文化与色彩

中华优秀传统文化具有多元性，这是广袤中华大地不同地域文化相互碰撞的结果，不仅承载着全民族的伟大智慧，更承载着中华民族传统艺术的结晶。在前文中，笔者已经多次强调具有地域特色的色彩文化作为中华优秀传统文化重要组成部分，在民族发展和社会进步的道路中，中华优秀传统文化的传承与弘扬之路，必然会成就中华民族色彩文化的发展。

具体而言，由于地域不同，中华民族传统色彩文化已经形成具有特色性和系统性的色谱及色彩组合，色谱本身和色彩组合更是呈现出自然性，与中华民族各历史阶段社会审美高度适应，无论是在城市生活还是在乡村生活都有明确的体现。例如，在中国古代南方建筑中，房屋顶部以青瓦为建筑材料，而这样的色彩选择就是根据“五行”中的“水”衍生出来。“水”在色彩中往往以黑色呈现，通过“五行”相生相克的规则，“水克火”，所以在建筑中用黑色的青瓦作为主要的建筑材料，就意味着希望房屋可以避免发生火灾，而这也正是许多江南古镇建筑都呈现青瓦屋顶的主要原因，这显然也是具有地域性的色彩文化的直观表达方式，并且体现出与众不同的色彩效果。

随着时间的推移，各地域之间的文化碰撞越来越激烈，文化积淀也随之越来越深厚，人们的审美取向也随之不断发生波动，进而形成了具有地域性并且极为系统的色谱和色彩组合，尤其是在公共区域色彩环境这一特殊领域，更是形成了有效表达色彩的色相、明度、纯度的技艺，从而让古代社会色彩文化可充分表达不同地域人们的心理情绪，为公共区域环境色彩的设计、规划、选择、运用提供更多选择，并且使色彩的运用过程变得更加灵活。

乡村景观色彩的形成显然离不开不同地域之间的文化碰撞和文化积淀，随着时间的推移，人们在特定的心理契约之下，会对建筑色彩的设计、规划、选择、运用进行不断创新，由此来满足不断变化的审美需要，进而形成既能表现固有传统文化寓意，又能充分彰显色彩艺术性，还能满足人们普遍审美需求的乡村景观色彩，并在时代传承中不断深化，最终形成具有民族性、地域性、传统性、文化性、丰富性的乡村景观色彩搭配风格，而这显然进一步印证，中华优秀传统文化的传承赋予乡村景观色彩深厚的文化底蕴。

二、科学技术

毋庸置疑的是，科学技术始终是第一生产力，现代社会发展道路中，一切新事物的产生都是科学技术作用的结果，乡村景观色彩的形成也是如此，科学技术水平提升速度加快，必然会对乡村景观色彩设计与规划产生直接推动力，因此这一因素也是影响乡村景观色彩形成的重要人文因素之一。

（一）人类改造自然的能力越来越强

从18世纪60年代开始的第一次工业革命至今，人类对于自然的改造能力正在不断增强，并且改造过程中的技术与手段越来越具有创新性。正是在这些技术和手段的支持下，传统建筑材料的加工工艺也随之不断提升，让更多极具创新性和功能性的建筑材料呈现在人们面前。这些具有高度创新性和功能性的建筑材料本不存在于自然界中，是人们通过智慧创造出的新的生产技术和生产工艺，并以此为途径所创造出的新事物，所以不仅不断颠覆人们对建筑材料的固有认知，同时也在颠覆人们对建筑材料色彩设计与选择的观念，为公共区域环境色彩组合的创新提供了诸多可能。其中，最为常见的混凝土、建筑面砖、人造石材、外墙涂料、金属和玻璃等都是对传统建筑材料的颠覆。

新的建筑材料显然会赋予建筑更多的色彩选择，让建筑本身的质感和特色更加鲜明，同时具有极强的色彩表现力和艺术张力，设计师在色彩的选择与搭配方面也由此能够提出更多方案。例如，现代社会中的玻璃幕墙、压型钢板、合金墙面等，这些通过现代技术所生产出的新材料往往能更好地适应不同地域自然环境，并且让设计师拥有更多色彩选择和搭配方案的同时，也让其建筑的文化性、艺术性、创新性更加明显，充分彰显出建筑本身的文化表现力和艺术表现力。特别是复合型轻金属材料、有色玻璃、透明及闪光塑料的人工着色技术，让公共区域环境色彩朝着多元化的方向发展，乡村景观色彩的选择及方案设计、规划、运用显然也不例外。

另外，由于现代生产工艺下的建筑材料往往在孔隙率、密实度、软硬度方面存在一定差异，因而建筑材料本身的质感存在明显不同，所以不同的现代建筑材料在色彩呈现效果上各有不同。如果不能将其加以合理使用，必然会影响色彩的艺术表现力，乡村景观色彩的呈现显然也要高度关注这一重要条件，可见这也是影响乡村景观色彩文化表现力和艺术表现力的重要因素之一。

（二）材料本身的色彩特点越来越丰富

众所周知，科学技术始终在改变人们的日常工作、学习、生活，其中不仅体现在个人习惯方面，更体现在环境与氛围方面。针对后者而言，最为明显的体现就是环境色彩的呈现方式更加多样化，所营造出的色彩环境更能满足人们艺术审美的具体需要。这一局面产生的主要原因是材料本身的色彩特点越来越丰富，乡村景观色彩的发展显然也是这一影响因素的作用。

1. 外墙喷涂类

所谓的“外墙喷涂类”建筑材料，就是附着于物体表面的保护膜，该保护膜不仅质地坚韧且牢固，同时具有极强的装饰性和美观性，是一种经济价值极高的建筑装饰材料。该建筑材料的使用工序较为简单，并且工期较短。在应用效果上，色彩品质较高并且丰富性较强，能够呈现出较好的装饰效果和艺术效果。最后在维护方面，由于工序较为简单，因此在维护过程中只需将其进行简单清理并重新喷涂即可。正是由于该建筑材料具备以上优势，所以成为公共区域建筑外墙装饰材料的普遍选择，但在色彩搭配的过程中，为了更好地呈现装饰效果和艺术效果，既要注意面积的搭配，还要注重与其他饰面材料的合理搭配，最终呈现出色彩和质感对比均较为理想的效果。

2. 陶瓷类

该建筑材料具有耐用性高、表面光滑、容易清洗、防火、防水、耐腐蚀，以及装饰性较强等特点，所以在公共区域环境色彩设计与规划中，应将陶瓷类建筑材料作为环境色彩设计与规划的主要材料之一。另外，该类建筑材料在色彩表达方面，充分体现出单一色彩、套色图案、平面与凹面共存的特征，其本身的色彩鲜艳程度能够更加丰富建筑色彩装饰的效果。

3. 石材类

该类建筑材料主要包括天然饰面石材和人造石材两部分，前者主要指天然大理石和花岗石，后者主要指人造大理石或人造墙石等。前者色彩装饰效果较好，耐久性更高；后者重量较轻，并且密度较高。但两者相对比后不难发现，后者在色彩的持久性上显然要略逊于前者，可是在色彩质感方面二者之间并没有明显差异，同时色彩的多样性上，后者要明显高于前者。由此可见，二者在公共区域环境色彩的设计与规划当中都有极强的装饰效果，可以作为主要的建筑材料选择。

4. 混凝土类

就建筑材料的作用而言，混凝土类建筑材料不仅可以作为建筑结构的材料选择，同时也可以作为建筑装饰材料的主要选择，可见该类型建筑材料的应用范围较广。其中，清水混凝土所呈现出的色彩显然是无色彩的灰色系，而色彩的纹理和质感主要由载体的纹理所决定。彩色混凝土则是在混凝土材料中按照比例增添彩色骨料，或者将灰色混凝土表面喷涂彩色涂料，这一建筑装饰方法在中国各公共区域环境色彩设计与规划中较为常见，能够营造出较为理想的环境色彩氛围。

5. 金属类

金属材料的出现显然是工业革命推动建筑领域发展的一种具体表现，随着时代发展步伐的不断加快，金属类建筑材料也逐渐成为建筑装饰的主要材料类型，在区域环境色彩设计与规划中，应用的普遍性正在大幅提升。就此类材料的质地而言，表面光泽并且形制较为特殊显然是最直观的特点。另外，在外观色彩方面，经过细致的加工和处理，此类材料的外观色彩更能体现出多样性，将其应用至环境色彩设计与规划过程中，通常能够起到装饰作用，建筑本身的艺术张力也尽显无遗。

6. 玻璃类

该类建筑材料显然具有革命性，不仅能够通过紫外线吸收程度有效进行色彩调节，同时其透明性也让公共区域的环境色彩得到有效优化，将其加以有效运用，自然是对传统环境色彩设计与规划理念的一种颠覆。具体而言，玻璃类建筑材料在光线的衬托之下可形成色彩变化，如釉面玻璃、钢化玻璃、彩色玻璃等，都可以通过光线产生色彩变化。随着时代的飞速发展，复合型玻璃幕墙被研发出来，并且在建筑装饰中得到广泛应用，这在公共区域环境色彩设计和规划中，显然已经成为一种新时尚，能够满足现代年轻人对公共区域环境色彩所提出的新要求。除此之外，该类型建筑材料不仅具有极强的视觉冲击力，同时还在使用过程中体现良好的隔热、降噪、防水、防污、耐腐蚀等优势，在色彩质感上可以让人们感受到动态之美。在新技术的不断应用下，设计师在进行公共区域环境色彩设计与规划时，自然也会拥有多种表面色彩选择。

需要特别注意的是，在该类型建筑材料应用过程中，颜色提炼和施色技术水平正在不断提升，这样显然为公共区域环境色彩种类不断增加提供了又一条极为理想的途径。由于古代社会受到技术层面的制约，所以在公共区域环境色彩设计与规划上，必然要使用自然界现存的建筑材料，进而色彩本身充分彰显出天然性。随着时代发展进程的不断加快，该类建筑材料的生产工艺不断创新，由此也让自然界本身所不存在的建筑材料走入人们视野，成为公共区域环境色彩设计与规划的新选择，这也是建筑色彩本身得到创新的根本原因，更是乡村色彩景观设计得到全面发展的动力性因素。

（三）公共区域色彩种类越来越多样化

在上文中，笔者已经明确指出六类建筑材料的出现及有效运用让公共区域环境色彩变得更加多样化，其根本原因在于现代科学技术的飞速发展。具体而言，可以通过以下三个方面进行充分说明。

1. 20世纪70年代喷涂类建筑材料色彩种类最为丰富

早在20世纪70年代，虽然中国还未进入计算机普及的阶段，但是喷涂类建筑材料的生产却有了质的飞升，计算机调色已经开始运用于该类建筑材料的生产中。其中，计算机分色已经达到64种，由此也出现了64种颜色的装饰涂料。此外，在这一时期装饰涂料的性能显然也开始逐渐提升，从而让公共区域环境色彩呈现出更高的品质。

2. 现代喷涂类建筑材料不仅色彩丰富并具有特殊性质

现代科学技术的发展已经达到一定高度，诸多建筑新材料的出现更是不断刷新人们的固有认知，建筑材料本身的特性也更加明显，让一切看似不可能出现的建筑材料在当今时代变为现实。还是以喷涂类建筑材料为例，虽然传统色彩的种类有所减少，但符合现代艺术审美需要的新色彩正在不断增加，如哑光色等。更重要的是，“不褪色”这一特殊性质已经在该类建筑材料中存在，并且具备该特殊性质的喷涂类建筑材料已经达到15种之多，而这显然也为设计师在公共区域环境色彩设计与规划中提供更大的色彩选择空间。

3. 公共区域环境色彩的设计理念正在不断发生改变

就现存的建筑材料生产技术而言，已经包括聚合物水泥基防水涂料技术、现浇混凝土复合无网聚苯板聚苯颗粒外墙外保温技术、多色显示电致变色器件应用技术等，这些技术显然让建筑材料的色彩质感得到了大幅提升，同时为公共区域环境色彩设计理念的创新提供更有利的前提条件。其间，色彩运用的自由程度更高，色彩效应也更加充分地展现出来，进而让公共区域环境色彩变得更加丰富。

三、乡村发展

乡村景观色彩规划的根本目的是让人们对乡村物质环境有更深刻的视觉体验，从而为人们带来更好的文化、艺术和精神享受。乡村景观色彩的发展与乡村规模，以及整体形态之间存在紧密的联系，并且这两个因素往往发挥着决定性作用。另外，乡村发展的规模和整体形态往往也会为乡村景观色彩的形成奠定一个主基调。其中，建筑色彩往往作为乡村景观色彩构成的主体，并且在色彩的功能性方面也有着明显的要求。这显然可以充分说明探究乡村发展对于乡村景观色彩的影响是一项极为系统的工程。笔者就先通过图 4–3，将乡村发展对乡村色彩形成所产生的影响直观呈现，并在正文中将各项影响因素进行系统性的说明与分析。

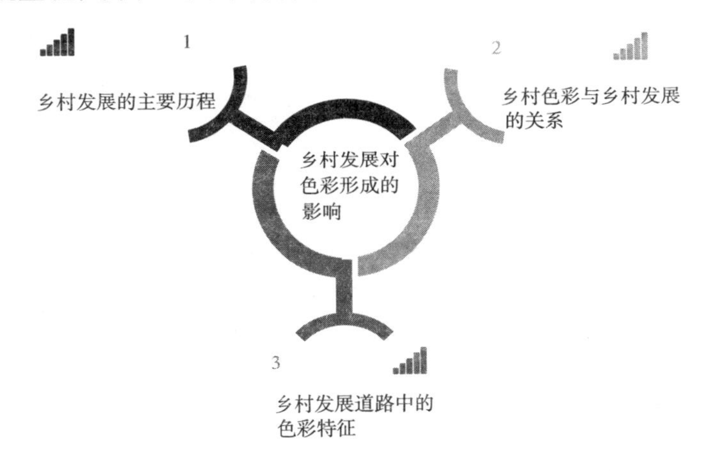

图 4–3　乡村发展在乡村色彩形成中的影响

结合图 4–3 可以看出，在乡村发展历程中，社会人文环境必然会发生明显改变，因此人们对色彩的需求也会随之发生变化。除此之外，在不同时代背景之下，乡村发展的大方向也会有所改变，这也意味着乡村景观色彩规划必须考虑这些重要因素的影响。对此，笔者认为应先从乡村发展历程入手，之后再将其影响进行逐步深挖。

（一）乡村发展的主要历程

乡村发展与乡村色彩之间存在的关系显然较为直接，其原因在于，不同历史背景下的乡村发展能够充分体现人们思想意识，以及科学技术的发展程度，而这些显然都是影响乡村色彩发展的关键因素。对此，在探究乡村景观色彩的影响因素过程中，对乡村发展的主要历程必须给予高度重视。接下来，笔者就将中国乡村发展历程划分为五个阶段，将其发展过程中所呈现出的特点，以及乡村色彩所呈现出的变化做出明确阐述，以此为有效说明二者之间存在的关系打下坚实基础。

1. 18 世纪 60 年代以前

该时间段乡村发展的形式普遍具有一致性，即沿着住宅外环做圈层式扩展，发展速度较慢也是共性特征，并且也呈现出逐渐累积的特点。在发展道路中，建筑风格和建筑形式显然都在悄然发生变化，并且在建筑材料的选择和应用方面，更是有稳定性和延续性并存的特点。根据以上关于该时间段乡村发展所具有的普遍性特征，可以看出乡村整体的视觉感较为和谐，并且乡村色彩的主色调也保持相对稳定的状态。

2. 18 世纪 80 年代至 19 世纪 30 年代

在该时间段内，虽然中国乡村规模得到了进一步扩大，但中国乡村色彩的发展固然还是处于稳定阶段。其中，在建筑材料上依然以自然界存在的资源为选择，但是在建筑材料的加工工艺上已经有了明显的升级，乡村色彩主基调在这一时间段内也得到了有效保持，原生态和天然性成为这一时间段内乡村色彩最直观的表现。

3. 20 世纪初

随着时代的发展，新事物逐渐跨越国界，并且对中国发展所带来的影响不断增大，与中华优秀传统文化之间形成了相互融合。其间，虽然对乡村色彩面貌带来了一定冲击，但是并没有引起实质性的改变。其间，具体表现在于新建筑的数量并没有明显增加，但是在施工技术上促进了建筑材料的创新，建筑本身的坚固性得到提升，可是建筑本身的色彩方面并没有给人们带来较明显的视觉冲击。

4. 20 世纪 50 年代

该时间段中国乡村规模显然得到进一步发展，并且呈现的变化极为明显，固有的乡村功能已经得到升级，并且公共区域的设施不断增加，让人们日常生产生活的基本需要得到最大程度满足。在此过程中，乡村物质环境显然有了明显变化，而这也意味着乡村色彩面貌会有明显的改变，展现出乡村色彩风格与时代发展大环境之间高度适应的特点，并且在很长的时间段内始终呈现该特点。

5. 20 世纪后期至今

在这一时间段内，乡村发展速度显然呈现逐年递增的趋势，历史文化传承与保护成为现阶段中国社会发展的重要任务之一，并且伴随时间的推移，该项任务的投入力度在不断加大。特别是在进入中国特色社会主义建设与发展新阶段，文化强国之路全面开启背景之下，历史文化传承与保护被提到前所未有的高度，乡村发展规模显然正在不断扩大，并且其速度之快更是令人叹为观止，乡村色彩的基调和面貌更是被作为乡村特色的一种表达。

（二）乡村色彩与乡村发展的关系

在上文中，笔者已经明确指出，乡村规模与形式能够体现出发展道路中所取得的成果，乡村基础配套设施的完善程度等都会在乡村发展中充分体现出来。对此，中国乡村发展道路中，不同乡村也通过不同的形式来体现这一关系，由此让乡村景观色彩能够反映乡村发展的现实情况。例如，当今社会影响力较高并且发展已经呈现出规模化的乡村，在公共区域色彩设计与规划中，将乡村文化区域保护作为工作重心，其原因主要包括以下三个方面：

1. 心理契约与时代发展大环境之间保持高度一致

随着时代的发展，文化强国之路已经被全党和全国人民视为实现中华民族伟大复兴的必由之路，并且在全社会大力推进实施文化强国战略，乡村发展之路在该时代背景之下，自然以乡村文化振兴为主要任务，并引领乡村形成心理契约。如此能够让乡村产业振兴道路拥有较为理想的文化环境，进而加快乡村经济振兴的进程。其间，公共区域的历史文化建筑和历史文化街道的保护工作就成为关注的焦点，引领全村居民将该项工作视为广大村民和政府的一项责任与义务，由此确保乡村产业振兴之路拥有较为理想的文化软环境这一前提条件，并且成为乡村优势产业引进，并最终形成集群化发展的优势条件。

2. 公共区域环境色彩主基调就此确定下来

在明确乡村文化建设的工作重点基础之上，县级政府和全村人民必然会自主开展乡村历史街道修缮与保护工作。其间，也会针对当地传统文化中关于色彩的深层寓意进行全面解读，从中明确历史文化街区、历史文化建筑色彩传承的缘由，进而明确街区和建筑色彩修缮与保护工作的侧重点，营造出极为浓郁的乡村传统文化氛围，并成为乡村建设与发展道路中的鲜明特色。除此之外，乡村其他公共区域环境色彩设计与规划的主基调也会与之保持和谐，进而形成突显乡村文化特色的乡村色彩主基调，让其产业振兴和产业发展之路拥有一张更为亮眼的“名片”。

3. 公共区域色彩环境设计与规划迈向规范化

众所周知，各领域的政府干预必然会确保各项工作方案及实施流程具有高度规范性，乡村景观色彩设计与规划之路更是如此。在上文中，笔者已经明确指出乡村发展的规模与形式，往往通过乡村产业化发展进程来体现，而产业化发展进程不断加快的基本前提是乡村文化的全面振兴，因此乡村文化建设与发展不仅是村民个体行为，同时也是一项重要的政府行为，政府干预能够确保乡村文化建设与发展的规范性不断提升，乡村公共区域环境色彩设计与规划自然在无形中迈向规范化。其间，景观色彩设计理念必然将彰显乡村特色文化作为根本，色彩搭配和色彩功能性更会突显乡村文化的深层寓意和内涵，由此确保乡村文化软实力全面提升的同时，成为吸引国内外优质资源并加快产业化发展进程的有利条件，乡村发展的规模与形式必将在无形中产生明显变化。

（三）乡村发展道路中的色彩特征

在研究影响乡村景观色彩的主要因素过程中，就乡村发展这一人文因素的影响而言，从乡村发展历程所表达的景观色彩，以及二者之间存在的关系两方面入手显然并不充分，虽然能够体现乡村发展对其景观色彩的设计、规划、运用、发展所带来的影响，但并不能对其进行具体说明，这样显然会导致影响作用呈现不够直观。对此，笔者接下来就通过乡村发展道路中的色彩特征，将上述影响因素的作用体现加以说明。

1. 在中华人民共和国成立初期，乡村发展道路中景观色彩保持原有化特征

在中华人民共和国成立之前，乡村发展的速度无疑较为缓慢，主要体现在乡村规模普遍较小，并且发展形式以圈层式为主，所以在乡村公

共区域环境色彩方面主要体现自然性特征，景观色彩更是以“天然”二字呈现在人们面前，中华民族色彩文化体现在乡村色彩之中。随着中华人民共和国的成立，乡村发展无疑迎来了新的历史时期，乡村发展的规模随之得到不断扩大，但由于受到建筑材料的生产工艺水平的制约，景观色彩依然保持高度原有化的特点，传统色彩文化也依然充斥在乡村色彩景观之中，充分彰显浓郁的乡村文化特色。

2. 1979 年之后，乡村发展道路呈现景观色彩稳定性与延续性特征

随着时代发展和社会进步，1979 年中国迎来了改革开放新时期，随着新技术、新材料、新工艺的相继引入，以及不断自主创新显然为乡村景观色彩的发展带来前所未有的机遇。具体而言，在这一时代背景下，我国乡村发展速度明显加快，乡村发展规模更是进一步扩大，无论是在人口数量，还是所辖区域面积都是最为直接的体现。除此之外，在生产技术上更是不断引进和自主开发新技术，建筑材料的加工工艺也随之有了质的提升，在乡村景观色彩的设计与规划中更是得到有效应用。在此期间，不仅做到保留原生态的景观色彩特征，同时更让具有现代意义色彩元素成为乡村景观色彩设计与规划的新选择，从而充分凸显该时期乡村发展道路中景观色彩稳定性与延续性特征。

3. 中国特色社会主义建设新时代，乡村发展道路呈现景观色彩浓重的历史性和文化性

时间来到 2017 年，中国向全世界释放出一个极为响亮和极具震撼力的信号，是中国特色社会主义事业建设发展的新时期。其间，国民经济和社会发展会达到前所未有的高度，社会文化呈现出极为理想的新形态。在该时代背景下，乡村发展更是以文化振兴、产业振兴、经济振兴为根本任务。其中，文化振兴是基础中的基础，产业振兴则是实现经济振兴的重要动力，经济振兴则是最终目标。具体而言，乡村文化建设以优秀传统文化的传承和弘扬为契机，带动乡村产业化发展进程不断加快，进而实现乡村居民不仅在经济层面实现富裕，更在文化层面实现高度富裕，进而乡村规模和发展形式呈现迅猛势头。在此期间，乡村景观色彩的设计与规划显然更加侧重体现历史性和文化性两个特征，通过展现中国乡村文化魅力和艺术魅力的形式来打造出美丽乡村。

综合笔者本章所阐述的观点不难发现，在乡村景观色彩的设计、规

划、使用、发展的道路中，其影响因素不仅涵盖自然因素，人文因素所产生的影响更是不容忽视。因此，这不仅为新时代中国乡村景观设计指明了方向，同时更为其明确了侧重点所在。针对于此，笔者在下一章节的观点阐述过程中，就将上述影响因素作为重要立足点，对乡村景观色彩规划的具体工作进行深入挖掘。

第五章　乡村景观色彩规划研究

乡村景观色彩规划全过程无疑是一项极具系统性的工程，其中不仅要确保拥有极为明确的初衷，同时还要有极为明确的措施和流程作为支撑，进而方可确保乡村景观色彩规划的方案与流程具备高度的科学性与合理性。因此，笔者在本章就针对乡村景观色彩规划的全过程进行深入的研究与探索，将上述三个基本支撑条件加以明确阐述。

第一节　乡村色彩规划的基本原则

从通俗的角度讲，“原则”往往是指某一实践活动开展的初衷所在。因此，任何一项活动的开展都必须有明确的原则作为前提，乡村景观色彩规划固然也不例外。接下来笔者就立足乡村景观色彩规划，将实施过程中必须遵循的原则通过图 5–1 直观呈现，借此为乡村景观色彩规划方向性的高度明确夯实基础，具体如下：

整体和谐性原则
功能合理性原则
地域特色性原则
民族特色性原则

图 5–1　乡村景观色彩规划原则一览

通过图 5–1 不难发现，在乡村景观色彩设计过程中，侧重点极为明确，强调色彩整体和谐性无疑是最基本的要求，而彰显地域特色和民族特色则是呈现乡村色彩文化价值的根本，而体现色彩功能性以及功能的合理性无疑是彰显乡村景观色彩规划艺术价值与应用价值的根本所在。本节笔者就以此为立足点，明确其基本原则。

一、整体和谐性原则

19世纪，德国美学家谢林在《艺术哲学》一书中指出："个别的美是不存在的，唯有整体才是美的。"在乡村色彩规划与设计当中，其整体和谐性主要通过乡村中的建筑物、绿化、道路、公共设施等构成要素间的相互联系与彼此作用反映出来的，而不是简单的叠加。当我们对一个乡村、地区开始进行色彩规划时，不仅要结合乡村自身的定位、特点考虑该乡村自身的基准色调，还要结合乡村各个不同功能的构成要素，在此基础上对乡村色彩进行统一筹划，即规划好乡村的主色调、辅助色、点缀色和背景色，以形成整个乡村和谐统一的色彩效果。另外更要注意的是，无论做何种色彩规划，前提是必须服从乡村规划和乡村设计所制定的原则和要求。

二、地域特色性原则

正如人们很容易记住有特色的事物一样，不同乡村色彩的规划设计应该风格各异，富有变化。在当今全球化的趋势下，许多乡村出现了文化趋同的现象。"建筑风格国际化"的潮流愈演愈烈，使不同的乡村、不同的地区的建筑在色彩、形态上有着惊人的相似，许多乡村逐渐丧失了地方特色，成为无特色、无个性的地区。

三、民族特色性原则

20世纪80年代，英国皇家建筑学会会长帕金森曾说："全世界有一个很大的危险，我们的乡村正趋向于同一个模样，这是很遗憾的。"人们常说，只有民族的才是世界的，所以我们的乡村色彩必须注重民族特色，要努力挖掘本民族色彩文化传统的内容及内涵，同时还要将在乡村色彩文化方面的民族特色发扬光大。

不同地区、不同民族的色彩审美偏好反映到乡村色彩中，会形成独具特色的乡村色彩风貌，因此，在进行乡村色彩规划与设计时还应遵循民族色彩的原则，以保持民族独特的色彩意韵，达到弘扬民族文化的目的。例如，作为“西方文明摇篮”的希腊民族将他们所喜爱的蓝色和白色运用到乡村环境中的各个方面，形成具有民族特色的乡村色彩。

四、功能合理性原则

乡村色彩规划与设计要满足乡村功能的需要。这其中包含两层意思：一层指乡村自身的整体功能，即定位是文化中心村、旅游村等；另一层指乡村的分区功能，即乡村的某个区域的定位，是工业中心、商贸中心、观赏区域等。古往今来，不同的乡村因历史、地理等因素的影响，都会使其形成特有的乡村定位。不同的乡村定位和乡村规模，势必会使乡村色彩规划与设计上有所不同。

第二节　传统村落环境色彩的规划措施

针对乡村景观色彩规划的全过程而言，制定出明确性更强、完善程度极高、适用性极为明显的规划措施无疑是中间环节，传统村落环境色彩规划显然自是如此。在这里，笔者认为主要的措施体现在三方面，接下来逐一加以阐述。

一、加强传统村落建筑色彩控制管理

随着中国国家乡村振兴战略进程持续加快，乡村整体风貌与建筑呈现的色彩得以集中展现，标准亟待建立。规范标准要根据该地区人文历史、地域环境、日照强度、昼夜温差、风雨气温以及耐久性和耐脏性等综合因素，明确乡村建筑的基本色、强调色、重点色及屋顶色的色卡指导库，同时根据居住区、生产区、商业区等不同功能定位，加强色彩指导和管控。此外，要把建筑色彩作为建筑规划审批的一项控制性指标，对个人或建设单位提供的建筑外墙色彩进行认真审核把关，看是否符合村庄整体色彩规划，看是否与周边环境和建筑物相协调统一，看所使用的材料是否耐久耐脏等。适时组织人员，采取科学手段到施工现场进行勘验，对设计色彩与实际色彩不一致的项目及时叫停整改。要根据一个

地方的历史文化与地理自然，并充分调研当地居民，尤其是少数民族与具有宗教信仰的居民，从地域文化认同的“无序”中发现指导色彩规划的“规律”，达到潜意识和意识的统一。

二、对村落色彩进行群组化控制

建设“美丽乡村”是乡村振兴的总目标之一，而村落色彩作为视觉感知的第一要素，不仅是彰显传统村落风貌的核心因子，还是塑造地域文化的重要内容。乡村景观完全有别于城市景观。对于乡村景观而言，建筑体量相对较小，建筑多以当地的建筑形式为主，且建筑材料多以当地的石材、木材为主，房屋稀疏。另外，乡村的建筑大多会设置房前屋后的庭院，这也就在根本上有别于城市建筑。同时，这也是乡村建筑密度低的主要原因。

人类聚居空间是不断生长和发展的有机体，建筑也会随着空间的发展而变化。经过不同的发展阶段，每个片区都会形成自身独特的风貌，因此既有建筑在形态改造设计中所遵循和参照的现状条件也会各不相同。因此，在乡村景观规划设计中，要对村落色彩进行群组化控制，划定色彩分区并选取主色调，全村建筑色彩应协调，单栋房屋色彩主色不宜超过 3 种。主体墙面宜选用低纯度、高明度的颜色，严禁大面积涂抹高纯度、高彩度的颜色，同栋、相邻房屋宜选用相同色系或相近色系。

三、制定色彩指南

色彩指南是一种系统存在、完整的色彩规划设计，应对所有的色彩构成因素统一进行分析规划，确定主色系统或辅色系统，然后确定各种建筑物和其他物体的永久固有基准色，再确定包括广告、绿化和人造设施等。早在 20 世纪 70 年代，著名色彩专家让・菲利浦・郎科罗教授就为日本东京制作了世界上第一份关于一个城市的色彩调查。随后，很多国际大都市都在为拥有一份属于自己的“色彩指南”而在城市规划设计上努力。对于乡村景观色彩规划而言，制定色彩指南具有更强的重要性，主要体现在对乡村当前及后续规划建设的色彩指导、其他乡村色彩规划的借鉴，以及在色彩系统的不断完善后形成更大范围的指导和适用意义。

制定乡村色彩指南，首先要对乡村的各个要素进行分析。对自然环境色彩进行分析，包括地貌、日照，土壤、植被、山体、河流、天空等色彩的分析，并从中提取色彩要素。首先，是乡村色彩规划的前提条件；其次，对村庄的人文色彩进行分析，如当地民间文艺中所体现的色彩；再次，要对民居及其他村庄建筑的特色进行分析，尤其是建筑色彩的分析，包括外立面色彩分析、屋顶色彩分析等；最后，需要结合规划范围内的现状建筑、街道建设情况，进行适当的色彩规划与调整。对村庄重点地块着重进行节点、道路、建筑分析就显得尤为重要，色彩规划需要根据色谱，提出相应的色彩概念。经过前面多维度的分析后，立足整个村庄的未来发展规划，结合色彩设计概念才能完成村庄的色彩总体规划。在这个过程中，如何利用好互联网与数字技术的发展优势，根据对各个村庄的色彩调研及规划信息，建立色彩信息数据库是关键，进而为其他相邻地区的乡村色彩规划提供指导和参考。

第三节　乡村景观色彩规划的流程

就乡村景观色彩规划的全过程而言，明确其原则和措施的最终目的在于规划方案能够得到切实执行，因此规划方案自然成为乡村景观色彩规划工作的重要组成部分，而规划方案主要反应的就是规划流程，不仅能够高度明确规划的方向，同时还将其细节进行全方位表达。对此，在本节内容中，笔者就针对乡村景观色彩规划的流程进行全面阐述。

一、制定乡村景观色彩规划的背景

就当前乡村建设与发展的主基调来看，产业化无疑是乡村发展的宏观方向，既包括文化产业的全面发展，又包括经济产业的高质量发展，最终形成产业链、供应链、价值链健全的产业集群。对此，这也充分说明了乡村发展不仅要将经济发展为中心，同时还要将文化发展作为根本基础，将生态维护作为根本前提，进而形成乡村经济和美丽乡村建设又好又快的发展之势。在这里，乡村规模固然会不断扩大，乡村的功能性也必然会随之全面扩充，色彩的功能识别作用无疑要加以充分应用。

但是从当前我国乡村建设与发展的总体情况出发，产业化发展步伐普遍加快已经成为不争的事实，但是在美丽乡村建设的进程方面仍然需要为之付出不懈努力，色彩在乡村建设与发展中的功能性体现应该得到进一步提升，真正做到乡村色彩杂乱、主色调不明显、色彩趋同和泛滥现象得到根本性杜绝，从而为居民打造出宜居的乡村环境，实现乡村高质量发展。而这也正是乡村景观色彩规划流程的首要环节，更是规划方案制定的重要基础。

二、明确乡村景观色彩规划的指导思想

指导思想是在制定实施方案和行动路线过程中所坚持的理念，通常是指各项工作开展的基本初衷，能够充分反映出工作的基本目标和要求。针对于此，在各项工作的开展过程中，都必须有明确的指导思想作为支持。乡村景观色彩规划作为充分彰显乡村文化建设成果，体现乡村整体精神面貌，彰显乡村景观色彩艺术魅力的一项系统性工程，因此在乡村景观色彩规划过程中，必须将明确指导思想作为关键一环。以下笔者就先通过图 5–2，将乡村景观色彩规划的具体指导思想加以明确，并进行全面解释与说明，希望能够为广大学者和相关从业人员带来一定的启示。

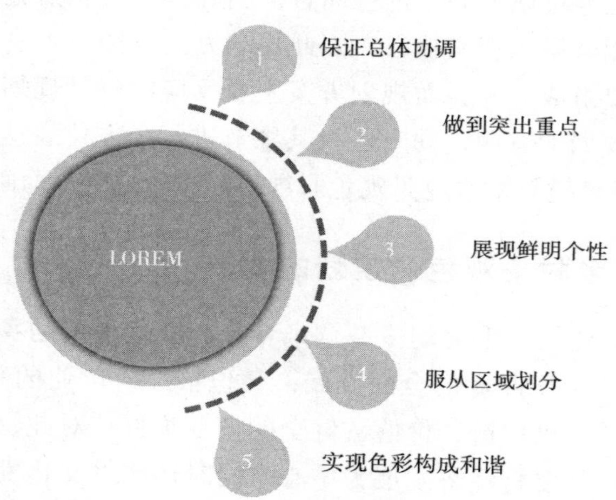

图 5–2　乡村景观色彩规划的指导思想

统合图 5–2 所呈现的信息，不难理解在乡村景观色彩规划的全过程中必须坚持的思想。其中，总体协调是突显乡村景观色彩整体性的关键条件，而突出重点则充分展现出了乡村景观色彩的中心和主题，展现鲜

明个性的目的是让其特色能充分表达出来，服从区域划分是乡村景观色彩功能性充分发挥的关键条件，色彩构成和谐则是彰显乡村景观色彩艺术性必不可少的条件，针对各指导思想的明确阐述如下：

（一）总体协调

色彩不仅作为一种表达的方式，同时也是情感抒发和信息传递的手段，它可以让人们感受到冷与暖，也能让人感受到悲伤与喜悦，因此在乡村景观色彩规划上，必须做到冷暖对比、明暗对比、面积对比、混合与融合、明暗混合的高度协调，从而确保景观色彩能够保持颜色的均匀性。

由于色彩中所包含的内容极为丰富，不同的搭配方法更是可以让内容淋漓尽致地展现，所以掌握其搭配方法就成为至关重要的一环。乡村景观色彩规划的道路中，显然要将充分掌握色彩搭配方法，做到能够根据色彩构成规律对其画面进行有效组织作为关键所在，而这也正是总体协调的一种具体表述。在此期间，以色相为主的色彩搭配、以明度为主的色彩搭配、以纯度为主的色彩搭配显然要协同运用，进而方可达到景观色彩规划的整体协调。

（二）突出重点

就乡村景观色彩规划而言，所谓的“突出重点”就是通过色调的合理搭配，让景观色彩的主题能够充分表现出来，进而让色彩的语言表达、情感抒发、信息传递功能充分展现出来。在这里，必须深刻意识到色彩具有较强的诱目性，将诱目性的大小进行排列，顺序为红色 > 橙色 > 黄色 > 绿色 > 蓝色 > 紫色，将其加以有效利用必然可以确保乡村景观色彩规划的重点充分突显，从而表达出乡村色彩规划的主题性。

除此之外，还需要注意白色背景在乡村景观色彩规划中的应用，进而让饱和度高的色彩比饱和度低的色彩更加具有诱目性，充分突显乡村景观色彩规划的重点。

（三）个性鲜明

众所周知，各种各样的色彩搭配在人们日常生活中的应用十分普遍，也是最不可缺少的美。在色彩“美”的体现过程中，个性鲜明则是基础。针对乡村景观色彩规划而言，不仅要表达出鲜明的主题，更要将“美”充分呈现在人们面前，所以个性鲜明就成为乡村景观色彩规划必须遵循的指导思想。

要做到个性鲜明，既要了解乡村发展的历史，明确其文化发展的背景，还要针对乡村的地理环境进行全面而又深入的分析，由此确保景观色彩规划既能充分彰显乡村文化底蕴，又能体现乡村时代建设与发展的主题，还能呈现乡村景观色彩本身所具有的艺术性。

（四）服从区域划分

从当今时代乡村建设与发展的总体要求来看，功能性无疑是现代化乡村建设和美丽乡村建设的整体要求。再从色彩本身所具有的功能性角度出发，由于识别功能作为色彩最基本的功能，因此在乡村景观规划设计过程中，必须将色彩的这一功能充分体现，让乡村建设与发展的功能性要求得到充分体现。

对此，这也意味在乡村景观色彩规划方案的制定与实施过程中，必须遵循服从规划分区这一指导思想，必须将乡村功能区域进行有效划分，并且将某一区域所具备的功能性通过合理的色彩搭配直观呈现出来，更要做到每个区域之间的色彩保持高度融洽，从而不仅体现乡村建设与发展的整体精神面貌，更能充分彰显景观色彩本身所具有的艺术性。

（五）色彩构成和谐

从色彩构成的基本形式和要求角度出发，“和谐”无疑是最基本的色彩构成形式，也是最基础的色彩构成要求，景观色彩规划过程显然也是如此，必须高度强调环境色彩整体具有高度的和谐性，在乡村景观色彩规划中毫无疑问也不例外。

具体而言，在乡村景观色彩规划中，既要让人们产生优雅、舒展、平静、悦目的视觉体验感，同时还要让人们能够感受到景观所呈现出的生态美、自然美、文化美，而这也正是乡村景观色彩规划呈现色彩构成和谐的重要体现，也是在实践过程中所必须遵循的指导思想。

三、确立乡村景观色彩规划的目标

乡村景观色彩规划的整体流程显然具有“系统性”这一显著特征，该特征的具体表现就是前期准备工作必须保持高度完善，实施过程要做到精细化，并且还要具有高度的可操作性。其中，目标的制定显然是前期准备工作不可缺少的一部分，以下笔者就针对乡村景观色彩规划所必须确立的目标加以阐述。

（一）确定统一的乡村主色调

景观色彩规划固然要突出区域景观的主题，并且还要彰显区域自身的功能，由此让人们能够通过视觉感受到区域所承载的功能性，以方便人们日常生产生活。针对于此，在乡村景观规划道路中，首先要做到总体的主色调要保持高度明确，随后才能根据色彩的合理搭配，将各个区域的功能性通过色彩充分表达出来。

在这里，笔者认为应该结合乡村所处的地理环境和历史文化发展的背景，将乡村统一的主色调加以确定。例如，位于中国南方地区的乡村，应该以无彩色系色调或冷色调为主，并结合乡村历史文化所固有的特色将其最终确定。而位于北方地区的乡村则应以暖色调作为选择范围，并结合乡村历史文化所固有的特色，最终将统一的主色调加以确定。

（二）打造鲜明的色彩风貌和突出的色彩高潮

乡村景观色彩的完美呈现，最终目的是将“美”充分展现出来，进而体现乡村建设和发展的和谐与美丽。其中，色彩风貌和色彩高潮能否得到充分体现起着至关重要的作用，色彩风貌是指色彩搭配的合理性，而色彩高潮则是指色彩本身能否突出重点，起到画龙点睛的作用，而这也正是乡村景观色彩规划的又一目标所在。

其间，笔者认为色彩风貌的呈现要突出乡村建设与发展各区域的功能性，从而根据色彩识别功能的作用体现形式，以及色彩搭配的规律，最终设计并规划出乡村色彩风貌。另外，在乡村景观色彩高潮的呈现方面，应结合乡村地理条件和文化发展的背景，通过色彩的诱目性作用原理，将乡村景观色彩的整体特色充分彰显出来，由此形成极为突出的色彩高潮，而这也正是乡村景观色彩规划的画龙点睛之笔。

（三）创造极为赏心悦目和生动丰富的乡村色彩环境

众所周知，乡村景观色彩规划既要体现乡村整体的精神面貌，又要充分呈现乡村建设与发展的实际情况。所以，在景观色彩的设计与规划过程中，活泼而又严肃固然成为一项重要目标。其中，活泼指的是要让色彩赏心悦目地呈现出来；而严肃指的是用生动丰富来彰显，从而让人们身处乡村的各个区域时，都能感受到乡村建设与发展的生机和活力。

具体而言，在乡村不同功能区域划分过程中，要明确具体的色彩象征，同时还要根据地理条件和人文因素的影响，以及色彩组合的规律，找出色彩搭配的最合理方案，进而形成符合地理和人文条件，并能彰显地域特色的景观色彩布局，彰显乡村景观色彩本身所具有的功能性、文化性、艺术性。

四、制定乡村景观色彩规划的指导范围

指导范围是指指导思想的适用范围，乡村景观色彩规划流程的指导范围固然是指该流程指导思想的适用范围所在。所以在构建乡村景观色彩规划流程的全过程中，制定乡村景观色彩规划的指导范围显然应作为固有环节，为乡村景观色彩规划指明具体方向，笔者在下文中就其指导范围作出明确阐述。

（一）新建功能区域

结合当前乡村建设与发展所取得的辉煌成就，不难发现产业化进程的不断加快已经成为乡村建设与发展交出的一份满意答卷。其中，乡村工业区域的初步建成和规模不断扩大已经较为普遍，为乡村经济发展发挥了强有力的推动作用。与此同时，有关配套区域也在不断完善，以此来满足乡村居民日常生产生活需要。

基于此，乡村景观色彩规划显然要将新建功能区域的色彩布局作为重要组成部分，不仅彰显色彩的识别功能，更能彰显色彩的生机与活力，从而确保新建功能区域的“新”可以得到深层表达。

（二）原有功能区的改造

从乡村原有功能区域的构成角度出发，普遍包括两个基本功能区域，即住宅区和行政区。这两个功能区域通常也有明确的色彩划分，如住宅区普遍以无彩色系的色调为主，行政区普遍以冷色调为主。这样的色彩布局显然具有统一性，同时也体现出了单调性。对此，在乡村色彩规划流程的设计中，将原有功能区域的色彩改造作为重要指导范围。

其间，不仅要围绕乡村独有的文化特色，还要围绕乡村的地理环境进行深度色彩挖掘，并且将人们内心深处的色彩需求作为重点考虑对象，将原有功能区域的色彩进行全方位改造，为乡村居民提供良好的生活环境的同时，更为乡村行政部门打造理想的办公环境。

（三）自然生态区域的维护

自然生态的维护与再生无疑是美丽乡村建设的关键环节，因此也是当前乡村景观色彩规划极为重要的组成部分所在，而这也意味着在其规划流程中，必须将自然生态区域的维护与再生纳入指导范围。

具体而言，该区域的景观色彩规划不仅包括植被的色彩规划，同时还要包括相关的休闲辅助设施色彩规划，如喷灌系统和音乐播放系统的色彩规划等。以此确保乡村自然生态区域不仅得到有效的维护，同时维护设施能够与区域大环境融为一体，尽显自然生态之美、人与自然和谐之美。

五、提出乡村景观色彩规划的总体构想

总体构想往往是目标的具体呈现方式，各项具有系统性的规划往往都要有总体构想作为支撑，乡村景观色彩规划自然也不例外。针对于此，笔者在明确乡村景观色彩规划的背景、指导思想、目标、指导范围的基础上，提出乡村景观色彩规划的总体构想，以此确保规划方案的实施过程可以切实达到预期目标，从而彰显乡村景观色彩规划的时代价值与应用价值。

（一）乡村景观色彩的主色调规划

在明确乡村景观色彩规划的大背景和指导思想，以及总体目标和指

导范围的基础上，要针对其各个目标的实现过程进行深入探索，确定乡村景观色彩的主色调自然成为实现过程首要环节，而这也正是乡村景观色彩的主基调所在。在这里，笔者认为乡村景观色彩的主色调规划应该从以下两个方面入手。

在主色调规划的依据上，要充分结合乡村的发展定位、气候和自然环境、历史文化、居民色彩取向，以及乡村现有规模等。针对当前我国乡村建设与发展的总体情况而言，笔者认为主色调普遍应以黄、白、灰为主，而绿色则要作为辅助色彩，进而给人们温馨、现代、清爽、明快、雅致、生机勃勃的视觉感受和心理感受，形成既美观又大方的色彩环境。

针对原有区域而言，要以诱目性较强和无彩色系的色彩为主，即红橙色、橙黄色、灰白色和白色，以此彰显原有区域的生机、活力、整洁、大方。针对新规划的区域而言，要以具有焕然一新的色彩为主，即浅黄灰、蓝绿灰、青褐灰、银色系等色彩，以此彰显新建区域的现代感。

其中，红橙色彰显热情、活泼、快乐，黄橙色则体现富足与温馨，浅黄灰则体现辉煌、和谐、清新，蓝绿灰则代表生机、和平、淡雅，青褐灰则意味庄严、稳重、冷静，银色系色彩彰显现代、清爽、明快。这样的色调搭配固然能充分彰显乡村固有的文化特色和精神面貌，进而充分体现其文化气息和艺术气息。

（二）乡村景观色彩规划的全方位展现

针对乡村景观色彩规划的整体方案而言，规划的视角必须保持高度全面性，由此方可确保乡村景观色彩整体可以保持高度和谐统一，从而突显乡村振兴和美丽乡村建设道路中的整体精神面貌。针对于此，笔者认为应从建筑物、乡村道路、环境小品、灯光夜景等方面展现乡村景观色彩规划的成果。

1. 建筑物

作为乡村景观色彩的主体部分，建筑也是最容易引起人们关注的部分，所以必须在乡村景观色彩规划中作为主角存在，其色彩处理是否科学合理直接关乎乡村色彩所呈现出的“美”。在建筑物色彩规划中，既要体现实用性，还要彰显建筑物本身的环境色彩的装饰性，更要彰显建筑物的规模效应。其中，民居往往以黄灰和橙灰色系互为主色，并且将具有高亮度和高彩度的色系作为装饰线条，或装饰色块。商业建筑要将银灰、铜灰等色系作为主要选择，另外将黄和红色系作为重要辅助，将其他色系作为建筑色彩的点缀，以此突显色彩的功能识别作用。休闲娱乐建筑要以银白色和淡蓝色为主，并且将橙色系作为重要辅助色，并且将高彩度的色系作为点缀，由此达到建筑色彩舒缓身心的目的。乡村学校和幼儿园要以灰白色作为主色，并且将红、黄、绿作为辅助色，体现环境的庄严与神圣的同时，还要散发青春与热情的洋溢。办公场地的建筑要将银灰作为主色调，同时将褐色作为辅助色彩，不仅充分彰显沉静和庄严，更能显现办公环境的现代与大方。工厂与货仓要将灰白色系作为主色调，并且将蓝色系作为辅助色，由此彰显工厂和仓储环境的现代、整洁、大方。

2. 乡村道路

主要针对景观廊道和步移景异的动态景观色彩进行整体性规划，由此尽显乡村独特魅力。其中，道路两旁会以绿色植被彰显主色调，并且还会增加褐色地砖作为辅助色彩，同时用各季节的花卉作为色彩点缀，由此让行人漫步乡村道路时更加心旷神怡，精气神倍增。此外，植被与花卉所呈现出的色彩更能发挥色彩指示功能，以此避免乡村道路交通事故的发生。

3. 环境小品

主要针对乡村所辖区域内的标牌、指示牌、站牌、广告牌、雕塑、公共座椅、路灯、果皮箱等辅助设施进行色彩规划，而这些物品虽然不是乡村景观色彩构成的主体，但色彩的呈现会直接影响乡村景观色彩规划的整体性、和谐性、功能性。将其科学合理地进行色彩规划更能彰显景观色彩素材的丰富性。在此期间，不仅需要做到色彩艺术性和功能性的充分体现，更要确保危险区域和信号装置使用规定的专有色彩，以此引起人们的警觉与注意。

4. 灯光夜景

灯光夜景无疑是展现乡村发展的又一重要表现，同时也是精神面貌的有效呈现方式之一。因此，在乡村灯光夜景的色彩规划道路中，要以金黄色和橙色作为主色调，将蓝绿色作为辅助色的选择，其他色彩均可以作为点缀色，从而反映乡村欣欣向荣、生机勃勃、和谐美好的发展之势。

纵观本章所阐述的观点，不难发现乡村景观色彩规划是一项极为系统的工程，既要做到明确乡村景观色彩规划的基本原则，同时还要明确乡村景观色彩规划的具体措施，最后还要科学建立乡村景观色彩规划的整体性流程，由此方可确保乡村景观色彩规划的实施方案具有高度的可行性。但是，上述工作的有序进行还需要重要的保障条件作为支撑，即乡村景观色彩规划的评价与管理，而这也是笔者在下一章节所要研究的内容所在。

第六章　乡村景观色彩规划的评价与管理

乡村景观色彩规划的整体质量如何，以及能否始终保持质量的可持续提升，显然成为乡村发展道路中物质环境和精神环境得以可持续发展的重要保障。

因此有效开展乡村景观色彩规划的评价与管理工作就成为两项关键性工作。因此，笔者在本章内容中，就围绕这两方面进行了全面阐述，说明乡村景观色彩规划评价所必须包含的内容，以及管理工作实施的具体环节。

第一节　乡村景观色彩规划的评价

科学而又系统的评价显然是管理工作的重要组成部分，同时也是确保各项工作实现高质量运行的重要保障条件。因此，在乡村景观色彩规划的道路中，必须将评价工作视为至关重要的组成部分。在此期间，必须将评价全过程的科学性和系统性加以高度重视。具体而言，笔者先通过图 6-1，直观呈现乡村色彩景观规划评价的全过程，并在本节正文部分会将各个环节作出明确论述，具体如下：

通过图 6-1 可以看出，在系统化的乡村景观色彩规划评价流程，能够为规划的科学性与合理性提供强有力的保障条件。具体而言，科学性主要体现在评价的目的和意义极为明确，系统性主要体现在评价的主体、标准、方法具有多样性和全方位两方面。为此，笔者在本节内容就以此为立足点进行深入而又系统的论述。

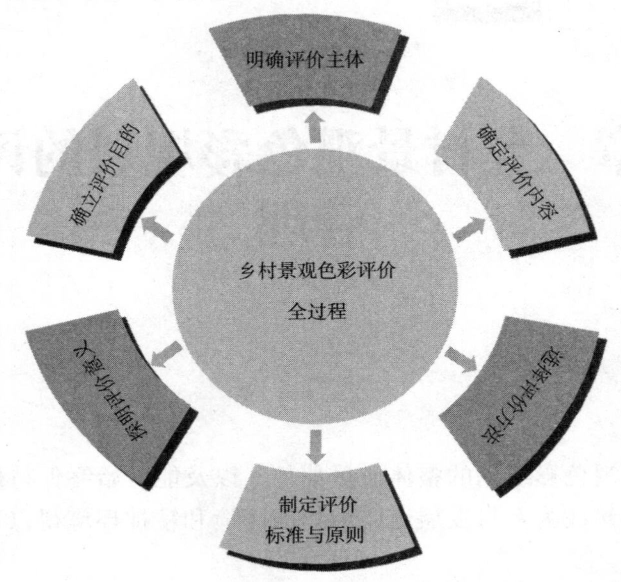

图 6-1　乡村景观色彩规划评价流程

一、乡村景观色彩规划评价的主体

确定评价主体无疑是评价体系构建的首要环节，是针对评价对象有效进行客观评价的前提条件所在。故而，在全面开展乡村景观色彩评价的过程中，明确评价主体必须放在第一位，并且要确保评价主体的多样性，笔者将在下文中针对乡村景观色彩规划评价的主体加以明确。

（一）乡村居民

居民无疑是乡村生活的主体，乡村居民对乡村色彩的整体规划布局显然有最直接的发言权，同时也有建议权，必须得到高度的重视和对待。在这里，不仅要包括常住的乡村居民，还要包括前来游玩的游客等其他人群，以不同的视角对乡村景观色彩的规划成果进行客观评价。

对于乡村居民而言，其作为业主在关注景观色彩方面显然与其他角色存在不同视角，乡村居民作为乡村环境的建设者，也是乡村形象的代理人，所以乡村居民对景观色彩的规划具有明显的建议权，同时也有较高的决定权。另外，乡村居民还是一切公共设施和公共用地的使用者，出于自身利益的考虑，他们在评价乡村景观规划时往往会更加细致。

（二）专业管理人员及决策者

具有专业性的乡村管理人员，以及各级领导无疑对乡村景观色彩规划具有决策权，评价的过程通常会以专业数据或权威报告作为依据，有针对性地进行局部优化与调整，切实让最理想的乡村景观色彩展现在公众面前。

除此之外，专业管理人员和决策者必然会具备一定的文化修为和艺术修为，因此在乡村色彩的规划上往往能够以最专业的视角进行评价，而这也为乡村景观色彩规划的科学调整提供最有说服力的依据。

（三）专业规划师与设计师

对于评价的最终结果而言，客观性显然至关重要，但精准性更是绝不能忽视，必须将评价的事物进行全方位和深层次的了解，并且还要通过科学的理论和方法来支撑评价的过程，乡村景观色彩规划自然也不例外。对此，专业规划师和专业设计师必然作为乡村景观色彩规划的主体。

专业规划师是指具有色彩布局规划能力的专业性人才，无论是在色彩规划的理论层面，还是在专业技术的实践层面，显然都会具有过硬的理论知识和实践技能作为重要支撑，并且还具备较强的专业科研能力和数据统计能力。

专业设计师与专业规划师一样，具有较强的专业性，其专业性主要体现在景观色彩的设计方面，无论是理论基础，还是实践技能、创新能力、科研探索能力相对都较为突出。因此，在评价乡村景观色彩规划的方案与成果上，将专业规划师与设计师作为评价主体，必然会确保评价过程和评价结果的客观性和精准性，其方案的优化与改进也会具有较强的科学性和合理性。

二、乡村景观色彩规划评价的目的

就各项评价工作系统化开展，并且保障开展过程始终保持有序化进行的必要条件而言，明确评价目的显然是必不可少的保障条件所在。其原因在于目的明确则可以充分体现评价工作本身的价值，乡村景观色彩规划评价工作的全面开展自然也是如此。接下来笔者就将其作为立足点，从以下五个方面将乡村景观色彩规划评价的目的予以明确。

（一）乡村规划与管理的需要

就乡村可持续的高质量发展而言，合理的规划与合理的管理显然是两项基础条件，乡村景观色彩规划与设计固然是乡村规划必不可少的组成，因此针对前者进行客观而全面的评价不仅会直接关乎乡村规划技术的全面提升，更能直接影响乡村管理制度的可持续优化。

（二）乡村设计布局与建设发展的需要

通常人们通过乡村的建筑、公共设施、环境等多方面可以体会到乡村整体的精神面貌，同时也能够知晓乡村在景观色彩规划过程中所遵循的标准，将其作为评价乡村景观色彩规划评价的标准，并且按照其长远执行下去，那么乡村发展的可持续性必然会得到全面增加，同时更会迈向高质量发展的新台阶。

（三）乡村资源合理利用的需要

乡村资源固然并非无穷无尽，如不加以充分而又合理的利用，那么必然会导致乡村资源面临枯竭的窘境。为此，在乡村景观色彩规划的道路中，必须根据其先后顺序科学而又合理地利用资源，而利用效果是否达到理想化自然也需要客观而又精准的评价作为依据。这样不仅可以确保乡村景观色彩规划能够实现经济利益最大化，更能保证乡村景观色彩资源实现科学重组，形成景观色彩资源的创新，让色彩的丰富性能够得到有效提升。

（四）知识发展与更新的需要

就历史的发展角度而言，不同的历史时期往往评价景观色彩的标准会存在明显差异，而这也是改变人们对色彩文化认知和更新人们艺术审美理念的重要推手所在。因此，在任何历史时期都要针对景观色彩进行极为客观、理性、全面的评价，乡村景观色彩规划显然更是如此。

（五）公共关系与策略的需要

针对乡村景观色彩评价的最终目的，通常体现在两方面：一是对乡村发展的精神面貌作出客观评判；二是有效反映出色谱中的公共关系。针对前者而言，此处不需要进行更多的阐述，在前文和后文之中，笔者均作出了明确阐述。针对后者而言，就是为了乡村建设与发展的过程中，能够获得更多的发展机会，从而让乡村可以不断扩大规模，并将建设与发展的方式加以科学转变。由此可见，这也是乡村景观色彩规划评价更深层次的目的体现。

三、乡村景观色彩规划评价的意义

在上文中，笔者已经明确指出乡村景观色彩评价的目的所在，其明确性在乡村振兴和美丽乡村建设中发挥着重要作用。因此，这也充分说明乡村景观色彩规划评价不仅有极为重要的理论意义，同时还具有较强的实践意义。接下来笔者就通过两方面，将上述理论意义和实践意义予以充分说明。

（一）作为乡村景观色彩规划高质量发展的重要保障

乡村景观色彩评价的目的就是要为乡村景观色彩更加科学合理的规划提供极为客观，并且极为精准的依据，因此只有评价角度多元化，并且在不同立场和不同出发点进行评价，才可确保乡村景观色彩规划方案始终保持高度的合理性，为乡村景观色彩规划高质量发展提供强有力的保障。

（二）作为乡村景观色彩规划实施的重要检验标准

在进行乡村景观色彩规划的实施过程中，相关主管部门、居民、游客必然会对其进行有关评价，一旦某项景观色彩在实施过程中与规划方案出现相脱离的情况，即未按照景观色彩规划部门所提供的色谱，或使用了明确禁止的色谱，那么有关主管部门必然会及时予以纠正，并拿出一系列相关的整改方案，第一时间将其存在的现实情况予以改善。在该过程中，有关主管部门、居民、游客均发挥出监督作用，而乡村景观色彩规划评价固然起到检验其规划实施效果的作用。另外，居民和游客在评价时虽然很少去考虑乡村景观色彩规划过程中所具有的功能性、造价、文化等方面内容，但是其评价的视角和结论对乡村景观色彩的发展无疑是极为重要的，其主体性显然不容忽视。

四、乡村景观色彩规划评价的标准与标准制定原则

每个人面对事物的发展往往都会存在自身的立场和态度，而立场和态度形成的原因则是由价值取向所决定的，因此，不同的价值取向必然会导致面对事物的发展有着不同的立场和态度。对此，在评价事物发展的过程中，必须要有明确的标准作为支撑，而标准的制定更要遵循科学合理的原则。接下来笔者就先通过图6-2，直观地呈现相关评价标准和制定原则，并在下文中有针对性地加以阐述。

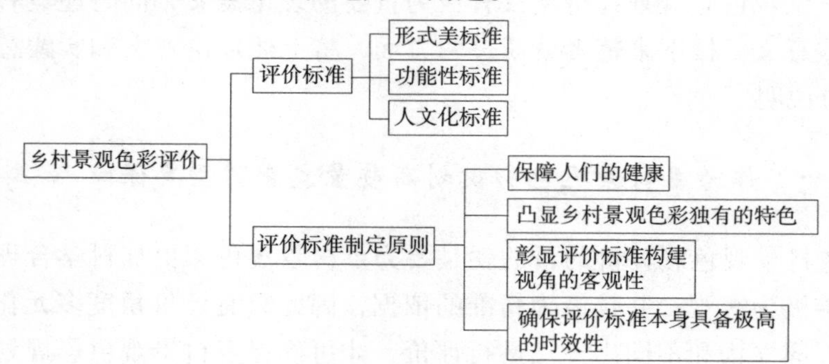

图6-2　乡村景观色彩规划评价标准与制定原则

如图6-2所示，在制定乡村景观色彩规划评价标准的过程中，必须立足形式美、功能性、人文化三个维度，确保乡村景观色彩规划的目标极为明确，并且还要体现出评价标准制定的初衷所在，由此方可确保评

价结果更加具有客观性和说服力。因此，笔者接下来就针对评价乡村景观色彩的标准，以及评价标准制定的原则进行论述。

（一）形式美标准

人们对于乡村景观色彩的感受主要有两方面影响因素：一是组成形式的因素；二是组成形式因素所构成的方式。其中，就前者而言，主要包括色彩的形态、线条、质感、空间特性等因素。就后者而言，组成形式因素所构成的方式显然要体现丰富多彩，以及协调统一，这固然是乡村景观色彩规划评价的一项重要标准，同时也是形式美所体现的普遍规律。

针对于此，在进行乡村景观色彩规划评价的过程中，形式美的评价必须从多个角度来进行，首先要评价形式美体现形式的多样性；其次要针对其协调性进行评价；再次则要针对其特性进行评价，每个评价角度呈现出不同的评价尺度；最后再将三种评价角度所获得的评价结果进行综合，由此确保评价结果能够呈现多维性这一重要特征。

（二）功能性标准

从功能性角度出发，乡村景观色彩需要为人们提供较多的功能，而这些功能的运行机制往往难以通过语言或文字加以直观表述，因此在探索乡村景观色彩的功能性过程中，笔者将通过视觉层面进行深入的探讨，因此这也意味着评价乡村景观色彩规划的标准必须具备功能性这一标准，由此方可确保评价结果能够将色彩的视觉功能充分体现出来。

由于人们在乡村色彩的视觉观察过程中，往往是以物质层面的需求这一视角进行观察，主要体现在四个方面：一是乡村色彩所营造的环境是否能为自身提供更多的休憩机会；二是休憩空间的舒适尺度如何；三是休憩空间的活动安全性是否能够得到保证；四是休憩空间是否容易识别。对此，这也为评价乡村景观色彩规划提供了功能性标准。

（三）人文化标准

从乡村景观色彩规划的影响因素角度分析，人文因素显然占据重要位置，所以在评价乡村景观色彩规划方案与成果的过程中，必须具备较为明确的人文标准。在这里，所谓的人文化评价标准就是人们能够针对乡村景观色彩的文化属性价值进行准确判断，这一判断结果往往可以通过乡村景观色彩形成的时间、人文信息量、乡村景观色彩的质量三方面衡量。

在这里，人文化标准显然与功能性标准之间形成鲜明对比。具体而言，就是人文化标准往往需要人们经过专业的学习过程方可将其领悟，而功能性标准则不需要。针对人文化标准而言，需要人们在评价乡村景观色彩的过程中，能够具备一定的人文背景认知能力和定位能力，这样方可体会乡村景观色彩呈现的诗意人文环境，从而彰显乡村发展道路中所赋予的新内涵。

（四）乡村景观色彩规划评价标准的制定原则

“原则”可以理解为“初衷”，各项工作得以全面开展显然都需要明确的原则作为基础，因为原则的制定就表明各项工作开展的初衷已经高度明确，原则是否合理更能体现初衷是否正确，乡村景观色彩规划评价标准的制定固然也不例外。针对于此，笔者在下文就立足乡村景观色彩规划评价标准制定的基本原则进行具体阐述。

1. 能够保障人们的健康

众所周知，环境色彩的规划与设计显然是要让人们日常的生产生活能够拥有较为理想的环境和氛围，“理想”固然体现在健康这一基础之上，不仅要确保人们的身体健康，还要促进人们心理健康水平的不断提升。因此能够保障人们的健康就成为乡村景观色彩评价标准构建最基本的原则所在。

另外，从乡村景观色彩规划所具备的基本价值层面出发，主要体现在能够为人们的生活与发展提供最为基本的保障条件，所以在判定乡村景观色彩规划方案与成果的过程中，首先要考虑景观色彩的规划与设计是否对生态系统造成了破坏，同时是否与当地自然生态环境之间保持统一，是否能反映出当地文化发展的大背景，而这显然也是乡村景观色彩评价标准的重要组成部分。

除此之外，在评价乡村景观色彩规划与设计的方案，以及方案实施成果的过程中，还要对其是否能将形式美感加以充分呈现，以及是否能够对人的心理健康造成直接影响等方面进行评价，进而确保乡村景观色彩规划能够促进乡村长远发展，为人们提供较为理想的物质生活环境和精神生活环境。

2. 能够凸显乡村景观色彩独有的特色

彰显特色显然是提高知名度最为有效的途径，不仅在产品设计、研发、推广中要不断将其独有特点进行充分体现，在乡村景观规划的过程中，更应将其独有特色充分彰显出来，由此为乡村知名度的不断提升提供强有力的保证，故而这也是制定乡村景观色彩评价标准的主要原则之一。

就当前而言，无论是国内还是国外，无论是城市还是乡村，由于地域自然环境条件存在明显的差异性，所以造就了城市和乡村的历史发展、人口规模、经济水平存在明显的差异性。对此，在制定乡村景观色彩评价标准的过程中，应该将这些因素加以充分考虑，这样不仅可以让乡村景观色彩规划方案与实施成果之间具有可比性，同时也能让不同的乡村景观色彩规划风格能够得到高度尊重。

另外，由于人们对乡村景观色彩规划方案和实施成果所体现出的差异性较为敏感，同时在乡村景观色彩产生变化的过程中也会伴随这种敏感性出现，所以在乡村景观色彩规划评价的过程中，很多具有特色的因素都会影响其评价结果，而这也说明在制定其评价标准的过程中，必须将乡村景观色彩所独有的特色充分彰显出来。

3. 能够彰显评价标准构建视角的客观性

有效开展评价活动的根本初衷就是要将某项工作开展的实际情况充分反映出来，其中既包括优势，同时还包括存在的短板。就其优势而言，显然说明已经积累了成功经验，就其短板而言，显然说明还有可提升、可改进、可优化的空间存在。因此，在评价乡村景观色彩规划方案和方案实施成果的过程中，必须将客观性作为评价标准制定的一项基本原则。

具体而言，就是在进行乡村景观色彩评价的过程中，既要针对乡村景观色彩规划方案与方案实施成果进行对比与分析，对比的对象就是之前乡村景观色彩规划的总体方案和呈现出的效果。分析的过程主要针对方案本身是否对人们日常的生产生活环境带来了明显改变，是否对人们的身体健康和心理健康产生了促进作用，是否能够将乡村固有的人文特色充分表达出来，进而反映出乡村景观色彩规划的整体水平。

除此之外，还要注重乡村景观色彩规划是否对乡村经济发展起到至关重要的推动作用，由此确保所制定的评价原则既能指向于文化层面和艺术层面，同时还能指向于经济发展层面。

4. 确保评价标准本身具备极高的时效性

从当前时代发展和社会进步的速度来看，“飞快”显然是最为接近的形容词，人们的物质生活水平正在不断提高，精神生活的渴望程度也随之增加，因此人们的艺术审美取向也在不断发生变化。这就要求在各个领域的发展道路中，无论是方案的构建，还是措施的提出和改进都必须具备较高的时效性，乡村景观色彩评价标准的制定显然也要具备这一基本性质。

具体而言，任何事物的产生都具有价值，而价值的体现往往在于社会关系、生产方式、社会经济、社会文化等多方面，而每个方面都会对事物本身的价值造成一定影响，甚至如果不能做到有效协调，那么必然会对其他价值的产生带来一定制约。因此，在时代发展与社会进步的速度不断加快这一背景之下，人们自身的价值观念也会随之发生变化，其中对文化的认知、对艺术的理解、对经济发展的看法也会发生相应的变化，因此乡村景观色彩规划的总体构思也要随之变化，而这就需要评价乡村景观色彩的标准必须体现出时效性。

五、乡村景观色彩规划评价的方法

评价方法是评价体系构建与运行的重要环节，评价方法是否科学而又合理关乎评价结果的准确性与客观性。因此，在乡村景观规划评价的全过程中，既要明确评价的主体、评价的目的、评价的意义、评价的标准，又要明确评价的方法，由此方可确保评价结果能够更加直观地体现乡村景观色彩规划的合理性。针对于此，笔者认为应同时采用以下四种评价方法开展乡村景观色彩规划评价。

（一）访谈法

该评价方法是通过与访谈对象对话的方式，详细了解关于乡村景观色彩规划的看法，调查者和访谈对象通常要在同一时间交流，其形式既可以是面对面访谈，又可以是远程访谈。在访谈过程中，既可以有明确的访谈提纲，固定的访谈内容和内容先后顺序，也可以无访谈提纲，根据现场的实际情况随意提问。前者则被称为结构访谈法，后者被称为非结构访谈法。

该评价方法与其他的评价方法之间存在明显的不同，其最重要的优势就是调查者与访谈对象之间可以保持互动，该方法也是了解访谈对象内心关于乡村景观色彩规划真实感受，并提出自身看法的最直接方法，同时也能了解访谈对象内心的真实感受和看法产生的背景和原因。

非结构访谈往往是一种即兴访谈，更适用于前期研究工作。在访谈过程中，以现场提问的方式了解访谈对象在乡村景观色彩规划中最关心的问题，并且针对现实情况说出内心最真实的感受和看法。而结构访谈则有极强的目的性，主要针对乡村景观色彩规划中所涉及的因素进行全面而又深入的调查，该访谈法固然也更适用在评价过程中。

除此之外，访谈法更有利于调查者了解访谈对象关于乡村景观色彩规划的主观感知，并且访谈对象在反馈内心真实感受的过程中，往往表述更加全面、更加准确，更加直白，但是运用该评价方法往往需要进行极为繁重的信息处理。

（二）问卷调查法

该评价方法作为评价流程中使用极为普遍的方法，是通过文字表达问题的方式，让调查对象给出相应的答案，答案并没有对错之分，只是用于了解调查对象内心关于某一领域最为真实的想法和看法，从而为有效地进行策略优化提供有力依据。

在关于乡村景观色彩规划的评价过程之中，需要调查人员设计一系列的问卷调查题目，针对调查对象关于乡村色彩规划的主观感知进行深入了解。其中，所设计出的调查问卷必须做到现场发放、现场作答、现场回收。除此之外还要确保调查对象在作答过程中不能相互交流。

由于问卷调查法是收集调查对象态度、观点、建议的一种有效方法，所以在乡村景观色彩规划评价过程中，适用于前期准备阶段。但有一点不可否认，该评价方法的运用过程是一项极为系统的工程，不仅用时较长，同时数据处理的任务量较大。即便如此，由于数据本身具有较强的客观性，所以该方法在评价活动中应用极为普遍。

（三）知觉偏好法

该评价方法是让调查对象与乡村景观规划的最终成果处于同一时空，然后针对其切实感受对乡村景观色彩进行客观的评价，评价以打分的形式来进行，使其主观判断能够得到充分展现。

在此过程中，调查对象显然处于乡村景观色彩规划成果之中，评价的方式也更加直接，能够避免记忆因素对评价结果所带来的影响。其间，为了不受外界不可抗力因素的影响，该评价方法的实施过程也可以通过照片、视频播放、图片、模型来进行真实的景观色彩模拟。

通过以上对于该评价方法的阐述，不难发现该评价方法利用具有真实性的景观色彩环境，有效地刺激了调查对象的主观感知，因而形成的评价结果往往更加具有真实性，所以该评价方法在乡村景观色彩评价过程中具有较高的适用性。

（四）行为测量法

众所周知，在乡村的实际生活之中，人们的行为往往会对其生活造成较为直接的影响，因此上述三种评价方法能够让调查对象以最直接的方式将自己内心关于乡村色彩最真实的想法和看法表达出来，但是在人们日常生活习惯和行动过程中，这些看法和态度往往并没有任何的实践意义，也就是说，人们的想法和看法与自身的行动之间并不能确保完全一致，这样就会导致乡村景观色彩规划评价的结果很难做到具有高度的客观性。

因此，这就需要研究人员通过一种具有测量功能的方法，将人们在自然状态下的行为进行直接观察和间接考察，行为测量法恰恰能够满足这一评价需要。其原因在于该评价方法更加适用于观景空间规模较小的场地，以全面记录调查对象行为特征的方式，科学合理地推测出乡村景观色彩规划成果对人们的作用。

间接考察这一测量行为通过非观察的渠道来获得相关行为信息，这样的测量行为不仅可以用于调查对象的行为，也可以用于调查对象内心感知，从多个角度收集研究对象关于乡村景观色彩规划的看法和想法。

该评价方法显然更加适用于乡村景观色彩规划评价的初始阶段，能够深入了解人们关于乡村景观色彩规划的兴趣，但是所呈现出的测量结果具有明显的描述性特征，因此该评价方法也是定性评价的一种重要形式。

六、乡村景观色彩规划评价的内容

所谓的“评价内容”，其实质就是针对哪些方面做出评价，而评价内容的完善性则对评价结果是否客观、全面、准确产生直接影响。因此，在进行乡村景观色彩规划评价的过程中，评价内容必须做到高度明确。在这里，笔者将从以下两个方面评价内容的选择范围加以高度明确，并且在评价内容中分别明确乡村的评价指标，以确保评价结果具有说服力。

（一）乡村景观色彩规划角度的评价内容

针对乡村景观色彩规划评价工作的具体实施而言，主要可以从两方面开展，而这也正是评价的主要内容所在，即视觉美学方面和文化。这两方面均能充分反映出乡村景观色彩规划的艺术性和文化性，并能将乡村景观色彩规划的地域特色充分彰显。

1. 在视觉美学层面的评价内容

在该角度的评价过程中，主要将色彩学相关理论作为重要基础，对乡村和色彩之间存在的复杂关系进行有效评判，其结果主要反映出乡村景观色彩规划的色相、明度、彩度究竟如何。并且以此为立足点，结合色彩的调和与对比原则，判断乡村各视觉元素所组成的色彩景观是否合理，是否能够为人们带来一种美的享受，各视觉元素之间的搭配是否和谐，呈现出的视觉效果能否彰显各区域的功能性等。以此为视角所获得的评价结果必然可以充分反映人们的艺术审美取向，同时还能彰显乡村景观色彩规划的艺术价值所在。

在该评价内容的具体应用过程中，应结合乡村各功能区域、街道景观、乡村特性景观的色彩规划控制模式来进行，由此确保乡村景观色彩规划评价视角能够反映出视觉效果中的艺术美，让人们内心中对景观色彩的深层理解能够得到充分体现，充分彰显其规划的艺术魅力。

2. 在文化层面的评价内容

该层面的评价内容以乡村人文环境的保护，以及传统文化的传承两方面为主，进而将乡村景观色彩能否充分体现历史文化背景，能够将优秀传统文化的有效传承加以客观呈现，地方文化表达的方式能否被人们所接受等方面加以客观反映，从而彰显乡村景观色彩规划所呈现的文化底蕴和内涵，并说明乡村特色文化的展现成果。

乡村景观色彩规划的评价过程显然不能单纯以视觉美学作为唯一主体，因为美丽乡村建设之路不仅体现于外在环境色彩元素的丰富性和色彩元素组合形式的多样性，同时还体现在色彩本身所彰显的文化底蕴和文化内涵，因此深入挖掘色彩本身所表达的文化特色、民俗风情、地域人文等方面自然极为重要。

由此可见，在进行乡村景观色彩评价的过程中，必须将乡村发展的历史背景，以及传统文化传承、弘扬、发展的理念作为一项重要的评价内容，由此不仅可以彰显出乡村景观色彩所存在的艺术美，同时还可以充分彰显其文化美和人文美，进而充分反映出乡村现代发展道路中的精气神，从而为乡村色彩规划有效策略的提出提供有力依据。

纵观以上观点的阐述，不难发现无论是以哪一角度作为评价内容，评价乡村景观色彩规划的过程与成果都离不开乡村、乡村区域、乡村街道、乡村特性景观四方面来进行评价，同时都是从色彩美学和色彩文化两个维度来开展，评价的过程和结果只是体现在侧重方向的不同，但评价结果的重要性则是具有相同性。具体而言，相同性主要体现在宏观和微观两个层面，并且每个层面都包括四个部分，如图 6–3 所示。

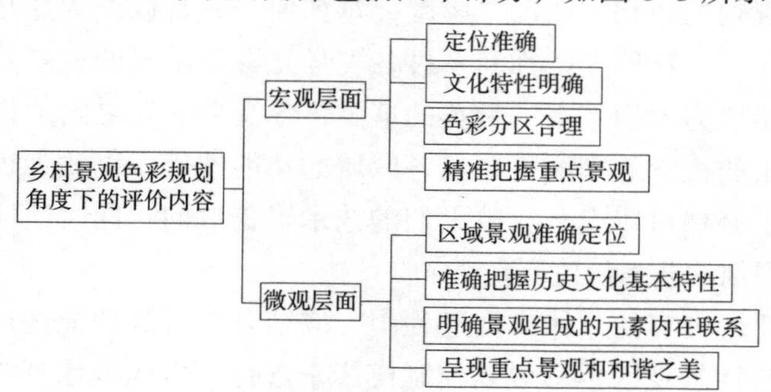

图 6–3　乡村景观色彩规划为视角的评价内容

如图 6–3 所示，在以乡村景观色彩规划为视角的评价过程中，就宏观层面而言，针对人口规模和区域规模较大的乡村，要对其景观色彩的定位进行评价，主要包括乡村历史背景、特色文化、所辖区域规模、发展形式、乡村性质、乡村景观色彩规划原则、乡村色彩规划策略的制定等多方面，进而将其面对的挑战加以明确，即：

（1）在乡村发展道路中，要将乡村景观的定位加以高度明确，并且确保乡村景观色彩规划与乡村发展的景观定位保持高度一致，确保景观色彩规划的大方向与乡村发展的进程高度吻合。

（2）在乡村发展道路中，高度明确其文化特性，并且确保乡村景观色彩规划的条件能够有效挖掘乡村特色文化，并助其在现代社会中能够得到更好的传承与发展。

（3）乡村景观色彩规划的道路中，必须做到景观色彩分区，并且充分展现出分区之后的特性，以及色彩规划与这些特性之间存在的关系，由此体现色彩本身所具有的识别功能和区域之间的过渡功能。

（4）在乡村设计过程中，必须高度明确存在哪些重点景观，并且充分展现出重点景观的色彩效果，由此让乡村景观色彩规划的整体效果能够得到全面呈现。

就微观层面而言，主要表现在某一特定的乡村景观，如区域功能景观、乡村街道景观、乡村特性景观的色彩效果等，而这些景观色彩的评价显然更具有微观性，有助于在乡村景观色彩规划道路中，有效地进行视觉美学效果的分析，并且让色彩因素在乡村人文环境保护方面的可能性得到充分体现，进而找出乡村景观色彩规划在微观层面所要面对的挑战。具体主要包括四方面：

（1）在乡村景观规划过程中，要明确特定区域的景观定位，并且还要高度明确乡村景观色彩规划与特定区域景观定位之间保持高度的适应。

（2）在乡村景观规划的过程中，必须明确乡村历史文化的基本特性，并且还要针对乡村景观色彩规划的条件对其进行充分挖掘，同时与特色文化的发展始终保持高度呼应。

（3）在乡村景观色彩规划的过程之中，确保乡村景观组成的元素之间关系紧密，并且确保特定的元素和突出的元素能够得到充分彰显。除此之外，还要高度注意每个景观元素之间与色彩必须保持关系高度适宜，色彩规划的过程要将这些关系加以充分体现。

（4）从色彩美学角度出发，特定的乡村景观要素之间必须在色彩方面呈现和谐之美，从而使色彩与乡村环境之间融为一体，为人们打造出极为理想的生产与生活环境。

（二）乡村景观视觉环境角度的评价内容

乡村景观色彩规划的目的就是要让乡村建设与发展道路呈现较为理想的精神面貌，充分展现其现代、和谐、整洁、大方、优美的乡村环境与氛围，让人们始终拥有较为理想的生产生活状态，从而充分彰显乡村景观色彩规划所具有的艺术性与文化性。对此，视觉环境角度的评价内容显然至关重要，接下来笔者则通过十方面将其加以明确阐述。

（1）乡村景观色彩视觉环境所呈现出的质量，其中包括乡村景观色彩所呈现出的吸引力，以及对人们视觉敏感度所带来的影响，由此充分反映出乡村景观色彩规划所呈现出的视觉环境整体质量。

（2）乡村景观色彩视觉环境与人们视觉承载能力，以及视觉敏感程度之间的适宜性，从而充分展现乡村景观色彩规划的方案，以及方案实施效果能否满足人们生理层面的需要，并且是否会对其生理方面造成一定的负担。

（3）在乡村景观色彩规划的过程中，应考虑乡村景观色彩视觉环境能否完整呈现乡村固有的秀丽风景，由此确保美丽乡村建设的固有资源和特色资源能够得到充分的展现和利用，为乡村景观色彩规划的总体成果加分。

（4）在进行乡村景观色彩规划的过程中，视觉环境与居民日常心理需求和偏好之间要保持高度的统一，由此充分满足居民艺术审美视角变化过程中的切实需要，提高乡村景观色彩本身的实用性和适用性。

（5）在乡村景观色彩的规划过程中，景观视觉环境的整体质量要得到充分展现，并且要能够体现其适宜性的等级，以及与乡村景观视觉环境之间的保护之间保持高度一致。这样才能确保乡村景观色彩不仅可以彰显出资源特色，同时还能充分展现乡村景观色彩资源的挖掘广度和深度。

（6）在乡村景观色彩规划评价过程中，应该具备一套较为完整的互动机制，该互动机制集中体现在评价内容与乡村景观色彩视觉资源规划管理之间的互动性，从而确保景观色彩能够充分反映乡村景观设计与规划的其实成果，确保乡村景观色彩规划之路始终能不断提升色彩资源的丰富性。

（7）在乡村景观色彩的规划过程中，应充分反映居民针对环境色彩的具体取向，以及色彩偏好和态度与呈现出的视觉环境之间存在的具体关系，从而让乡村景观色彩规划成果与满足人们日常生产生活需求的满足情况充分展现，以此保障乡村景观色彩的整体规划能够呈现出较高的质量。

（8）在进行乡村景观色彩规划的过程中，应尽显乡村景观视觉环境所固有的价值，并且能够针对其价值做出客观的评判，这样不仅可以为乡村景观设计整体方案的改进提供有力依据，同时更能突显乡村景观色彩规划所具有的实用性。

（9）在前文中笔者已经明确指出，人们对乡村景观色彩的评价往往体现在行为需要能否得到充分满足这一层面，所以在进行乡村景观色彩规划评价过程中，应该将乡村景观色彩所体现出的人们对于景观视觉环境的适应性作为重要评价内容，同时还要针对所呈现出的景观环境对人们日常行为所带来的影响进行全面评价，以此确保乡村景观色彩规划方案和方案实施的具体效果能够改变人们固有的景观色彩认知。

（10）乡村景观色彩规划的目的是要为人们营造较为理想的视觉感受，而这一感受往往是由景观视觉环境所决定的。因此，在进行乡村景观色彩评价的过程中，必须将乡村景观色彩的视觉环境影响作为重要评价内容之一。

综合本节笔者所阐述的观点，可以看出乡村景观色彩规划评价的全过程极具系统性。其中，不仅体现在评价主体具有多样化的特征，以及评价目的和评价意义较为全面，同时在评价标准和评价内容上也极为完善。其中，评价标准的制定有明确的原则作为基础，同时评价的内容更是彰显出多维度。这显然为有效进行乡村景观色彩规划的管理工作打下了坚实的基础，笔者接下来就针对乡村景观色彩规划的管理工作进行深度论述。

第二节 乡村色彩规划的管理

毋庸置疑的是，任何一项工作得以顺利开展都必须要有规范化和系统化的管理流程作为重要保证，乡村景观色彩规划显然更是如此。但是，该管理流程的制定显然需要从多个维度入手，本节笔者就以此为立足点，通过以下三个方面将乡村色彩规划管理流程加以明确。

一、制定管理条例

制定村落环境色彩的规划措施后，各地应加强对景观色彩规划的监督管理工作，强调经济性、地方特色、乡村性和安全性等原则，强化地域色彩与特征的表达，形成村庄地域特色明显、整体协调有序的总体风貌特征。建筑应传承历史文化，体现地方韵味；保障使用者各种使用及活动的需求，提倡选用与传统质感相近的各类涂料、面砖等经济耐用型材料；提倡乡村性环境营造，表达乡村传统韵味，使用乡土材料，体现乡村性，并鼓励乡土材料、传统工艺的创新设计；农村住宅的设计应以安全为首要条件，需满足防震抗震要求及相关防火要求，避免使用有安全隐患的构件或材料。

二、提高公众参与度

村民参与是乡村规划设计中常常提到的，也是必须的。农村建设，农民是主体，农民的房子由自己建，编制规划的人和有权力建设的这些农民不进行沟通，不了解村民的需求，或者规划的想法村民不理解，制定出来的规划村民就会反对。村民参与这项工作要做得非常耐心细致，要到每家每户去与他们协商，把自己的想法告诉他，然后也听农民的意愿，农民也觉得方案好，这样才能实施下来。最后的规划成果要通俗易懂，让农民看得懂，很多规划要变成村规民约。

三、建立相关研究组织机构

乡村人才振兴是乡村发展的战略，乡村色彩规划的专业性决定了要建立完善的乡村色彩规划体系，就要加强对相关研究人才的培养：一是要建立健全人才培养、引进机制；二是要将分散在不同部门、不同行业的乡村人才工作进行统筹部署，进一步完善组织领导；三是建立健全相关政府职能部门配置，完善机构及人才管理办法，以及提升乡镇职能部门知识储备。基于此，应全面建立起服务于乡村振兴景观色彩规划的专业机构，从尊重乡村的历史文化与风土人情出发，用最低的成本和科学的方法，为中国乡村带来高品位、高附加值的良好形象，向居民和来访者展示一个和谐而美丽、“和而不同”的中国乡村。

第七章 乡村景观规划色彩实践

众所周知，一切研究活动的开展最终都要在实践中加以验证，对于地域特征下的乡村景观色彩规划研究同样如此。本章笔者以沙海村作为实践研究对象，将乡村景观色彩规划实践全流程予以呈现。其中，主要包括调研和景观色彩规划两个阶段，具体如下。

第一节 调研

调研活动无疑是确保客观制定各项措施的基本前提条件，其原因在于调研活动的全面开展能够帮助研究人员明确当前研究领域的现实情况，所获得的调研数据能够为制定各项措施指明方向。为此，在全面开展乡村景观规划色彩实践的研究过程中，调研阶段显然必须放在首要位置。

一、调研内容与方法

（一）调研村庄

沙海村位于山东省菏泽市陈集镇，菏泽市东 15 千米，东望济宁 100 千米，北望黄河 60 余千米，经度 115.57° ，纬度 35.07° 。包括前沙海、中沙海、后沙海三个自然村。现有耕地 280 公顷，人口约 16 000 人，人均耕地 0.07 公顷。

（二）调研内容

本研究的主要内容为乡村景观色彩规划管理方法，调研内容主要以影响色彩规划的三大主要因素为切入点：

1. 地域性色彩调研

包括地理位置、村落格局、气候条件、地形地貌等自然环境背景，以及历史沿革、传统文化、生活习俗等历史文化背景。

2. 色彩景观现状

包括人工色彩和环境色彩。自然因素主要有：土壤、植被、物产等环境色彩；而人工色彩则是指：街道色彩、建筑色彩、公共设施色彩以及人物服装色彩等色彩要素。为更好地展现村落特色，凸显沙海村与其他地区的不同之处，还会结合人文色彩，如传统文化遗留、历史人文色彩和宗教信仰等方面进行研究分析。由于乡村环境色彩中，天空、植被、水体等因素的色彩具有非恒定属性，所以色彩调研以建筑、土壤等恒定性的环境色彩因素为主。建筑存在于自然环境之中，风吹日晒的自然侵蚀，材料老化和褪色无法避免，在收集色彩信息时要做到绝对准确并不现实，因此在实地调研过程中，对调研对象适当进行了简化。

色彩数据的收集从村落环境色彩、街道色彩、建筑及构建色彩、其他主要人工景观色彩四个层面展开。第一个层面村落环境色彩，主要根据村落全景图，以及环境色彩的定量采集结果，绘制村落环境色谱，总结村落环境色彩的主体印象色。第二个层面是街道色彩，包括街道背景环境色彩、构成街道色彩的建筑立面、门头、道路铺装等色彩形成的整体印象色。第三个层面建筑色彩，先对当地建筑进行整体的普查调研，然后选取典型建筑进行定量测绘和测色，形成建筑的色调组合图谱和立面色彩组合色谱；同时对主要的建筑材质和建筑构件（门、窗、装饰构件）进行测色，形成材质色彩图谱，分析材质色彩与建筑色彩之间的关系，以及主要的装饰风格。第四个层面是其他人工景观色彩测绘，包括广告招牌、景观小品、广场等恒定人工景观因素。

3. 民众的色彩感知意向

对相关人员进行问卷调查，问卷内容为当前景观色彩的评价及未来进行色彩景观优化的色彩偏好选择。

（三）调研方法

选定菏泽地区具有典型色彩地域特征的沙海村进行实地调研，使用光谱检测设备和拍摄校色设备，在特定条件下，对景观环境色彩要素和色彩效果的数字化图像进行采集，对环境色彩构成效果进行定时和定点的观测研究，在收集色彩量化数据的基础上，分析研究景观色彩构成效果的设计规律和表达特征。

（四）调研技术说明

沙海村现场调研主要采取色卡实地比对、测色仪现场采集、景观摄影、通过景观照片的分析测定色彩、样本采集等方法获得色彩数据。对过于复杂的色彩组成进行精简，将有代表性的色彩纳入数据库，对测得的数据进行归纳，确定相应的孟塞尔颜色体系坐标值，以 HV/C 表示。将调查记录的色标和现场所拍照片对照，检查色标与现实物体色彩是否还原一致等内容[1]由于拍摄会产生色差，因此照片主要为记录和后期描述说明之用[2]。

1. 调研时间

阴天的观测数据与 D65 标准照明体下的标定值最为接近，所以调研尽量选择在能见度较好的阴天，当不具备这种天气条件时，测量应避开太阳光直射在背光或阴影条件下进行[3]。由于一天中不同时间段的日光色温差异很大，因此，建筑色彩的取样时间应在上午 9：00 至下午 3：00，从而避免在清晨与傍晚测量时因日光色温对建筑色彩取样的干扰而导致测试数据的误差。

2. 景观摄影点

景观摄影点取决于拍摄目的，但实际的眺望者从景观来看，应在能够同时感知人工景观元素和周围自然环境的中景或近景距离拍摄，根据人的眼睛高度（1.5 米）进行水平构图拍摄。被选为本研究空间范围的农村村庄，其地点特性上基于村庄的主导线，实际访问者是以能够感知的

---

❶ 吴伟．城市风貌规划：城市色彩专项规划 [M]. 南京：东南大学出版社，2009：45-50.

❷ 安平．城市色彩景观规划研究——以中国天津中心城区为例 [D]. 天津：天津大学，2010.

❸ 陈霆．城市中心区建筑色彩与地域性光气候的适应性研究 [D]. 重庆：重庆大学，2014.

景观距离为基准进行拍摄。选用数码单反相机用于记录调研对象的色彩和形象。由于相机拍摄的照片会受光线影响，存在难以精确表达色彩数值的问题，因此在现场调研中所拍摄的照片，主要用于辅助说明及记录建筑形象。在本研究中设定了远景、中景、近景、近接点四个位置，具体如表 7-1 所示。

表7-1　景观摄影点位置设定依据

摄影点	位置	说明
远景	2.8 ～ 5 千米	视点和眺望对象，认识物体的轮廓的距离
中景	0.46 ～ 2.1 千米	对象形状可见的距离。地区景观特征或单位（街区）景观特征的表现范围，实际上是在乡村实际动线的距离
近景	340 米左右	展现各自景观要素特性的距离
近接点		能清楚地识别目标材质的距离

3. 通过景观照片分析测量色彩的方法

将拍摄的景观照片（640pixel × 480pixel）显示在 Adobe PhotoshopCS4 中，然后使用滤镜工具，通过对景观照片的分析来测定色彩。把色彩简单化后，与孟塞尔色表进行比较、对比测量，按需要对照片中出现的色彩分布进行了不同标准的分析，然后用 HV/C 表示，如图 7-1 所示。

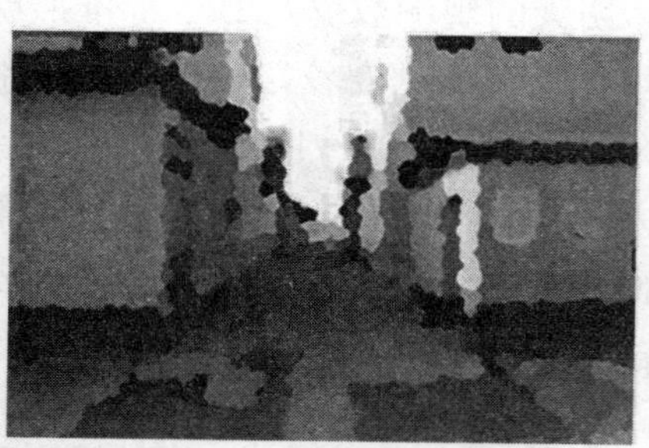

138	32	88	89	46	36	49	90	30	49	51
RGB 163:158:150	RGB 163:158:150	RGB 81:88:68	RGB 173:161:133	RGB 155:163:169	RGB 155:144:147	RGB 158:157:152	RGB 158:157:152	RGB 196:151:149	RGB 94:114:133	RGB 215:255:250

图 7-1　通过景观照片分析测量色彩

4. 色卡使用

本次调研中，采用仪器测量与色卡目视比对相结合的方式进行色彩采集，通常建筑色彩卡目视比对的方式更为方便灵活，可以有效提高色彩信息采集的效率。研究中使用了 CCBC 中国建筑色卡和 NCD 的 130 色的形象色卡。

中国建筑色卡是中华人民共和国 GB/T 18922—2002《建筑颜色的表示方法》国家标准的颜色样品，是表述建筑颜色的科学化工具，是建筑行业专用色卡，共 1 026 色，适用于建筑设计、建筑材料、建筑装饰及建筑监理等建筑领域。该色卡的颜色标注系统属于孟塞尔色彩体系，都使用色相（hue）、明度（value）和彩度（chrome）进行编码。同时，CCBC 中国建筑色卡配有相应的电子数据库，数据库中包括 CIE 色度图、LAB/LCH、HSL/HSB、色样以及常见换算及配方等内容，可以方便快捷的查询色彩样本的准确数据。

虽然 CCBC 中国建筑色卡有 1 026 色，但是无法完全匹配自然界的所有色彩，所以实地调研中采集的色彩数据是与实物色彩最为接近的建筑色卡颜色。然后比对 NCD 色彩的 130 个色卡，把 CCBC 色彩根据色环里的位置归类，进行色彩形象坐标的制作。

5. 测色仪测试方法

调研中使用的是中国 ColorMeter Pro 便携式色差仪，该色差仪体量小，携带方便，可以连接电脑、微信等程序，非专业人员也可以操作，适合乡村景观色彩规划者和后期实际建设中的使用（图 7–2）。由于分光测色仪采用接触测量方式，测试距离应在设备性能允许的范围内，以及现场测量综合条件下，选取适当的测试距离。由于建筑外部色彩受阳光、湿度、温度、大气粉尘等物理环境影响，会出现褪色、老化、污染或开裂等情况，为避免建筑色彩受物理环境的影响，需要针对建筑色彩进行不同分布点的测量，取其平均值，以保证测量色彩数值的准确性。

图 7–2 研究工具

二、沙海村地域性色彩分析

在色彩地理学和色彩民俗学领域的研究中，可以发现不同的地域族群都有自己内在的一套“色谱”，这种特有的色系是对环境的一种集体反应。例如，光照强度和时间，水体的体积色色调，土壤的化学成分，空气湿度引起的色感呈现等都能影响该地区人群的视觉感知。感知的无数次重复成为概念，由此，地域性族群共同的色彩感知上升为对自然环境的集体反应。由于生存环境不同和基因不同，地域性色彩的表现有一定的差异。乡村与城市高度的人工建成环境相比，人工更少，对自然环境的依赖和关联度更大，一个乡村所处的自然地理环境中的经纬度、山川平原、天空、水体、山林、植被等，是人产生色彩感觉并进而运用色彩的源泉。我国南、北方温差大，形成了不同的自然环境，平原地区、丘陵地区、河湖水域地区的天然地貌状况不同，使每个乡村的底色各不相同，这些与生俱来的地理条件因素首先决定了一个乡村的景观特点，只有通过与环境交互作用建立起恒久的对话关系，色彩成为一种辅助的因素，才能加强该乡村的特点。

（一）自然环境色彩

沙海村地处黄河下游，均为黄河冲积平原，地势平坦，土层深厚，属华北平原新沉降盆地的一部分。自西南向东北呈簸箕形逐渐降低，海拔高度为 68 ～ 37 米，平均坡降为 1/4 700。

1. 气候气象

气候和气象都是对某一地区大气状态的描述性术语，不同的是，气候是指大气在一段时间内的平均物理状态，具有一定的规律性和稳定性。气象是指大气的瞬时状态，表现为雨、雪、雾和其他天气现象。它们都直接或间接地对农村景观色彩的形成产生影响。区域的气候条件关系到人们最基本的生理需求，影响和决定着区域景观最基本、最稳定的部分，不同的气候条件对景观色彩的表现有着重要影响。特别是在极端的气候环境中，它决定了人们对建筑形式、色彩和材料的选择。

中国幅员辽阔，地形复杂，广袤的国土横跨多个自然气候区，从湿热的华南到寒冷的东北，从温和的东南沿海到干旱的内陆高原，气候条件千差万别，景观色彩呈现出明显差异。影响该地区的气候因素包括温度、湿度、日照量、云量、降雨、降雪、雾天等。在一定程度上，景观色彩必须考虑到这些气候因素的影响。温度的差异会导致人们在视觉上寻求与自己生理感觉相平衡的颜色。

从地理区位来看，沙海村属温带半湿润大陆性季风气候区，四季分明，寒暑适宜，光温同步，雨热同季，春季干燥多风，夏季炎热多雨，秋季晴和气爽，冬季寒冷少雪。沙海村属于属温带季风气候，最冷的1月平均气温5℃，夏季伴随雷雨降温，酷热的7月平均气温28℃。年平均气温在15.6℃，年极端最高气温达40℃，极端最低气温在零下13℃。

沙海村春季少雨，南北风频繁交替，气温回升较快；夏季高温湿润，常刮东南风，降雨集中；秋季雨量逐渐减少，风向由南转北，降温迅速；冬季雨雪稀少，多刮北风，气候干冷。全年光照充足，热量丰富，雨热同季，适宜多种农作物的生长。

降水也是对景观影响较大的因素，降水较为丰富的城市，其建筑色彩将受到很大程度的影响，因为降雨的天空呈漫射光，照度比晴天低，景观中各个物体没有明显的阴影，同时由于雨天空气湿度大，大气透明度明显下降，远距离观察色彩的时候，色彩呈现的状态有一种是体积色，会呈现较为“灰色”的感觉。临海多雨的地区相对湿度较大，色彩容易受到雨水的侵蚀，涂料粉刷的建筑色彩容易受到污染或导致脱落，因此必须选用耐水性材料，而且要考虑长期潮湿带来的构筑物表面腐蚀变色的问题。

沙海村冬春两季降雨量少，分别为105毫米、28毫米，占全年总雨量的20.4%。年每月雨量的统计结果显示，1～3月雨量最少，历年平均值为34.8～37.9毫米，2～6月，降水量逐渐增多。7～9月雨量最多，历年平均值为101～170毫米，10月起降水量断然减少，具体如图7-3所示。

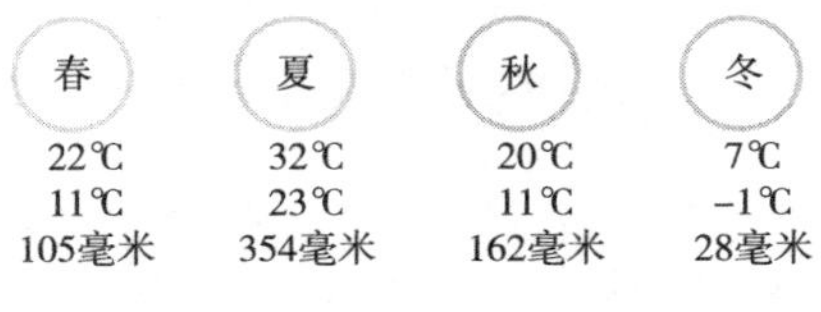

春	夏	秋	冬
22℃	32℃	20℃	7℃
11℃	23℃	11℃	-1℃
105毫米	354毫米	162毫米	28毫米

图7-3　四季天气情况

云量和日照量这两个自然条件指的是年平均云量和年平均日照时数，这些数据是掌握该地区色彩景观的观察条件。光照是色彩地理学的一个重要依据。环境光的品质和强度与太阳照射的角度有关，人的视觉是以适应光为主，因此由于光环境不同，色彩的敏感度差别很大。剖析各地区气象资料、自然光分布特点、自然光照时间和强度，可得到中国理想天空色彩分布示意图[1]。

洛伊丝·斯文诺夫（L.Swimof）提出，按日照强度的不同，可以把城市分成三大组：光亮的城市或地区，中等光亮的城市，阴影中的城市或国家[2]，具体如表 7–2 所示。

表7–2　城市光亮程度鉴定标准表

城市光亮程度	城市全年光亮时长	城市景观色彩特征
光亮的城市	日照时长大于 2 800 小时 光照强度大于 24klx	自然光照射久，强度大，城市明度差异强烈，色彩感知以明暗关系为主，浅淡的色彩在眩光下难以被感知
中等光亮城市	日照时长：2 000 ～ 2 800 小时 光照强度：20 ～ 24klx	一般空气中水汽含量较多，城市色彩明度呈现多阶梯样貌，色相、明度和纯度较为均衡地在视觉感知中发挥效应
阴影中的城市	日照时长小于 2 800 小时 光照强度小于 24klx	环境背景呈现灰色较多，城市明度差异小，造成城市平淡、阴郁的感觉。色彩的明度变化具有黑白灰多个层次，光线较柔和，景观色彩的视觉呈现更接近于固有色

沙海村位于华北东部地区，属于暖温带季风大陆性气候，四季分明，光热资源丰富，年平均日照时数 1 789.2 小时。对沙海村近 10 年（2011.01.01—2021.11.01）天气现象的统计数据进行分析，发现沙海村多云 1 789 天，晴 1 015 天，雨 556 天，明 382 天，雪 54 天，沙尘 7 天。以王京红“城市色彩类型”的数据分类来确定沙海村的色彩类型，这些数据表明了沙海村属于典型的阴影中的地区[3]。加之城市环境污染未成功治理时属于阴影中城市，色彩的明度变化具有黑白灰多个层次，光线较

[1] 王京红．城市色彩：表述城市精神 [M]．北京：中国建筑工业出版社，2013：17–20.

[2] 洛伊丝·斯文诺芙．城市色彩：一个国际化视角 [M]．屠苏南，黄勇忠，译．北京：中国水利水电出版社，2007.

[3] 王京红．城市色彩：表述城市精神 [M]．北京：中国建筑工业出版社，2013：101.

柔和，景观色彩的视觉呈现更接近于固有色。在建筑立面上应用冷暗色、高纯度色都是不恰当的，应用具有邻近、中差对比关系的暖色比较合适，这类颜色能给城市增加光感，也不会冲破低纯度地区自然色彩的柔和框架。同时，这些中等程度对比的暖色也表达了鲁西南地区阳刚的人文色彩气质，平衡了阴柔的自然色彩面貌，具体如表 7–3 所示。

表7–3　全国日照时数峰值统计

年份	日照时数（峰值，h）
2021	1 821.00
2020	1 621.53
2019	1 667.81
2018	1 664.53
2017	1 660.90
2016	1 610.95
2015	1 625.45
2014	1 652.53
2013	1 655.15
2012	1 632.37
2011	1 586.42
2010	1 625.48

2. 地质资源

区域土壤和矿石的色彩特征也是区域自然色彩特征的重要组成部分，它将直接影响建筑材料的选择，从而影响建筑色彩。地质构造和色彩也影响着村庄的色彩规划。土壤一方面直接影响颜色的视觉感受，另一方面也影响其种植植物的品种。

土壤的亮度为中高，系列土壤以微亮为主，但最高色度为 7.5YR6/5，大部分土壤为低色度。沙海村所在的土地为黄河冲积平原，属于华北平原新陷落盆地，地势平坦，土层深厚，土地肥沃。已探明的矿产种类较少，砖瓦用黏土、制灰用白垩土、水泥用白垩土、水泥配料用页岩、水泥配料用黏土等五种，土壤主要为褐土和潮土。通过对沙海村矿石的调查取样。分析出的土壤颜色有 10R、10YR、10YR、5YR、2.5rRP 等红、黄土，其中 10YR 占优势。

3. 植物景观

植物景观不完全等同于“植被”，景观具有客观性，植物景观受到地方自然条件的影响以及当地习俗的制约，呈现出不同的地方色彩特征。自从人类开始对植物进行改造，植物色彩便带有人文属性，成为文化的载体。我国植被色彩的明度、纯度从南到北逐渐降低，色相逐渐变为冷调。植被色彩从东向西纯度降低，西部多干旱、半干旱的荒漠，植被稀疏，视觉感知上，绿色减少。

沙海村现有树木 51 科，106 属，228 种，其中被子植物 46 科，92 属，205 种；裸子植物 5 科，14 属，23 种，林木覆盖率较高。本次调研，现场随机对沙海村内的植物进行了色彩采集，进行 NCD 单色分析，色彩最为集中的区域为 104 号颜色，DP 调的绿色相，纯度中等，明度较低。以上植物取色均用取色器完成，但日光下，植物叶片角质层具有反光的效果，视觉感受上明度有所提高。

总之，自然因素对地域色彩的影响，一方面来自光照、水体、土壤、植被等自然因素的顺应性适应；另一方面，视觉系统需要平衡，会增补性或者爆发性出现与自然色彩体系相反的色彩，这些规律在世界各地的地域色彩案例中反复出现，同样也出现在沙海村的地域色彩研究中。

（二）人文历史色彩

据《沙氏族谱》记载：明万历三十四年（1606 年），沙氏从河北省冠县城南沙庄迁此建村，因地形低洼多水，故以姓氏和海（洼地）命名为沙海。后相继迁入李、秦、张等姓氏，当时该村隶属于山东布政司济宁府成武县棠西村，以回族为主要原生民族，引入汉文化后，各文化演变融合，回文化、农耕文化、伊斯兰文化、汉族传统文化在此处相互渗透，形成了以回文化为代表的民族文化。

历史学家米歇尔·帕斯图罗曾经在其著作《色彩列传记·蓝色》中提到：“色彩史说到底也只能是一部社会史”，他认为颜色的问题是社会的问题，社会赋予色彩内涵，确定其价值，是社会“创造”颜色。他提出，既要考察颜色与社会的关联性，也要考察色彩在社会中的历时性。颜色与社会的关联性中涉及的要素包括：“命名词汇与行为，颜料化学以及染色技术，服饰体系以及服饰暗含的规章，颜色在日常生活和物质文化中占据的地位，官方颁布的法规，宗教人士的教化，科学人士的思辨，艺术人士的创造。”要把一个地区从周围环境中区分出来，不仅要考察山岳、河谷、特定的语言或技能，而且要考察某种强烈的信仰，包括某些宗教教义、社会观念、政治信仰模式等。对于乡村景观色彩关系来说，人类逐步运用尽可能符合自身意趣的色彩来影响景观色彩关系的生成，因此人文环境因素也是影响其色彩的重要因素，对于研究基于地域特色的乡村景观色彩来说是一个变化性非常强烈、非掌控性的自行发展的结果。每个地区的乡村在宗教文化的影响中，在生产经济和外来文化的冲击下，都会有自己地方性的发展推动轨迹，这些因素是动态的、变化的、不可控制的，所以它们也会成为影响乡村景观色彩的一个关键点。色彩在社会中的历时性，即色彩在特定环境下时间轴上的变迁、消失、创新或者融合。

1. 民族构成

每个民族对色彩的认知既有共性，也有地域文化上的明显区别。对色彩认知的共性来自人类的生物性特征。在共性之外，色彩认知的文化地域性差别来自生活方式的沉淀，如群体内部的潜在规范或者当政者明文规定的色彩等级语言等，宗教影响较深的地区还会出现宗教象征色彩的明显偏好。中国有 56 个民族，因为各自的文化差异，各民族有着风情独特的色彩环境特征和截然不同的习俗文化。这些民族色彩也是民族特殊的，具有地域文化特色的色谱系统及组合，是一个民族自古发展的最自然的审美心理历史的积淀，它们都非常真实地表现在了人民日常的生活环境当中。

沙海村均为回族，人口自然增长率为 10‰。2017 年有 1 300 余户，有沙、马、郭、闫、张、李、杨、海等 18 个姓氏，沙姓、马姓居多，郭姓、闫姓、张姓次之。沙海村周边都是汉族村落，由于相互影响，汉族的各种元素也表现在沙海村里。当地民间戏剧、曲艺丰富多彩，也反映了人民耿直爽朗、慷慨好义的性格和淳朴敦厚、勤劳勇敢的民风。本地传统的艺术形式和外地传入的艺术形式相互融合，共同构成了沙海村独具特色的民间艺术文化。

2. 民俗节庆

民俗是特定地域特定人群长期稳定的习俗或仪式。它涉及的范围很广，包括从生到死的各种仪式，如婚、丧、嫁、娶等，也包括纪念性或功能性的集体活动。重大的民俗活动往往在特定的时间，特定的场合中多次重复同一活动形式。民俗具有一定的稳定性，同时也具有一定的流动性，会随着时代和生活方式的改变不断变化。民俗仪式包括空间场景、服饰道具、舞蹈唱辞、互动活动等，这些非日常情境的构建离不开色彩。

3. 传统色彩符号

地域性色彩归根结底是一种集体潜意识，它包含着生物性地域色彩和社会性地域色彩。研究地域性的方法既需要理性剖析，又需要整体感性的理解。传统色彩符号是色彩原型的重要表现形式之一。阿恩海姆说："当某件艺术品被誉为具有简化性时，人们总是指这件作品把丰富的意义和多样化的形式组织在一个统一结构中。在这个结构中，所有细节不仅各得其所，而且各有分工。"色彩作为视觉艺术的重要组成部分，也属于阿恩海姆提到的"细节"。色彩原型是集体潜意识，具体外化在能见的生活中的各个方面。本书主要对与日常生活关联度较大的三类传统色彩符号进行归纳与研究，每一种类别的色彩特征同时受到自然条件和人文观念的影响，形成了具有独特色彩语汇的地域色彩原型表征。

（1）传统服饰色彩。服饰色彩是地域色彩原型的重要组成部分，它的用色受到两个方面的影响：一是地方自然染织原料和工艺；二是当地民众的色彩喜好。由于服饰是生活必需品，使用期限不长，成本不高，个人自由发挥度较大，服饰色彩的更新速度比传统建筑和传统工艺产品快得多。它往往是地域性色彩中相对较为敏感的指征，外来文化、染料技术、时尚潮流等都能在其中很快得到色彩特征的显性表现。

（2）传统建筑色彩。在传统伊斯兰教建筑中，蓝绿色被大面积使用，这与色彩地理学密不可分。伊斯兰教产于西亚，是古埃及和古巴比伦文化的发祥地，但地处沙漠，气候炎热干燥少雨，植被贫瘠，人们对绿洲和水的憧憬与渴望就被表达在了他们的建筑中。蓝绿色象征着生机盎然，是人们热爱生活，追求美好的表现。

（3）工艺美术色彩。工艺美术是民间视觉艺术的重要组成部分，它源于民间，精粹于民间。工艺美术是民族文化的一个重要基础，工艺美术色彩具有广阔的文化覆盖面。中华传统色彩是观念色、象征色、意象色，而非写实色，科学色，色彩的观念与思想虽不外显，却对造物色彩实践起着深刻甚至主导的作用。

三、沙海村人工景观色彩

沙海村是典型的本地平原地区村庄，建筑风貌较为整齐，整体空间布局较为集中，与自然风景相呼应。在村东南建有统一规划、统一标准的高级住宅区；道路整齐，主要有南北五条街，硬化条件较好，但村庄绿化未成体系。在村中，作为伊斯兰代表的清真寺建筑突出体现了该村的地方本土特色和文化特色。

沙海村村落布局顺应该地地势，村庄规划以片状分布为主，在对村落进行调研之前，先将其以传统居民区、商业区、新居民区三个区域进行划分，并标记重点调研建筑、路段，目的明确地进行图片采集与现况分析，如图 7–4 所示。

图 7–4　沙海村区域划分

在人工景观色彩现状调研的研究部分，以尺度和系统关联度为划分标准，分为宏观层面、中观层面和微观层面三大层面进行规律性分析。

宏观层面：根据聚落全景图，以及环境色彩的定量采集，绘制聚落环境色谱，总结聚落环境色彩的主体印象色。

中观层面：主要为街道色彩规划，通过选取具有代表性的街道，进行色彩采集，进行综合色谱总结。

微观层面：重点是规划建筑色彩和公共设施形成的“点”。一方面是对聚落建筑进行整体的普查调研，选取典型建筑进行定量测绘和测色，形成建筑的色调组合图谱和立面色彩组合色谱，并且对主要的建筑材质和建筑装饰进行测色，形成材质色彩图谱，分析材质色彩与建筑色彩之间的关系，以及主要的装饰风格。另一方面是对重点公共设施的色彩调研分析，结合村庄未来需求及村民意向，进行科学规划。

（一）聚落环境色彩

聚落环境色彩是指村落的整体外在色彩，是人们对村落全面性的宏观色彩感受，包含了人工色彩与自然色彩的色彩关系。聚落色彩应该具有较强的整体性，表达了独特的精神气质，潜移默化地强化着下一代的视觉特征。 传统和文化是世代相传的社会经验，包括社会习俗、行为规范等，色彩的视觉审美和使用习惯也在其中。

在 2021 年 4 月使用无人机对沙海村落进行了各个角度的拍摄，村落整体色彩的研究内容主要是建筑与各自然因素的色彩构成和特征，以探索和了解传统村落整体色彩的规律。沙海村聚落整体环境景观色彩主要由天空、植被、土壤、建筑屋面、建筑墙面组成。天空、植被、土壤、地面的色彩为环境色；民居建筑屋面、墙面的色彩为建筑色；其他人工色彩（如广告、移动商业销售点、公共设施等）为点缀色。从图中可以看出，沙海村整体上环境色彩和建筑色之间的关系基本协调，影响整体色彩和谐度的主要是极少数的建筑墙体和人工色彩点缀色，但整体色彩没有很强的地域性特征，这也是后期规划和管制中需要重点考虑的问题，如图 7–5 所示。

图 7–5　沙海村色彩现况

（二）街道色彩

如图 7–6 所示，村子里的道路较为简单，其中主要道路有 6 条 ，其余为乡间小路。街道界面环境设施色彩的设计核心，是要把整体统一、材料表现、装饰美化设计三要素始终放在第一位，它是街道界面环境设施色彩的核心要素。街道街面环境设施色彩的设计要求色彩在先，在造型变化中增强色彩效果，在差异中增加对比，实现对立统一。如果只有造型而没有色彩，那样的街道是没有审美价值的。同样，街道的色彩设计零乱没有章法，会产生视觉污染，如果只有统一没有变化，同样会使人产生呆板的感觉。

图 7–6　沙海村街道纵深图

沙海村的街道分为商业街道、新住宅街道和老住宅街道，主要调研分析对象是街道的建筑或建筑群的颜色。环境色主要是天空、地面和植物色彩，建筑色主要是建筑立面与屋顶色彩；点缀色主要是建筑构件色彩。

沙海村的商业主街道多数为近年新建二层现代建筑以及原有一层建筑；建筑形式和原始色彩基本统一。如图 7–7 所示，从街道的纵深图中可以看到，街道两侧的门市前搭建了许多铝棚，导致街道两侧的色彩和谐度受到影响，商业门头是对色彩影响比较大的方面。

图 7–7　商业街道

如图 7–8 所示，新居民区是 2018 年的新建居民区，街道比较整洁，每家有自己的房子和院子，房屋多为平房，自家院落用围墙围住。建筑立面比较规整，基本上都是白色或者浅灰色系，跟环境色比较协调，但是缺乏地域性色彩。

图 7–8　新居民区街道

如图 7–9 所示，旧居民区有两种情况，一种在之前的美丽乡村环境整改过程中，对房屋立面整体进行了刷白亮化，但砖石附着力较差，部分房屋粉刷的白色漆已经脱落，有些新盖的房子涂成明黄色、灰色等，使整体色彩没有层次感，并且稍显混乱。另一种是保留了原始的建筑墙体，基本上都是红砖墙体，处于 R 色调和 YR 色调，加之门匾等建筑构件的点缀，保留了地域性的色彩特征。

图 7-9　旧居民区街道

（三）道路色彩

沙海村道路铺装多以水泥地面为主，搭配一些砖石，在用色和选材方面都较为随意，多以现成材料和个人喜好进行铺装，具体如图 7-10 所示。

色相上主要以 N（无彩色），即水泥道路呈现的色彩为主，此外还有一些 YR（黄红）、Y（黄）和一些无色系的色彩分布在零散的广场铺地中。水泥道路的明度值基本在 4.5 ～ 7.25，主要为中明度色彩，没有彩度，其他广场铺装的色彩也基本在中明度的取值范围内，彩度较低，因此整体道路铺装的色彩比较素雅。

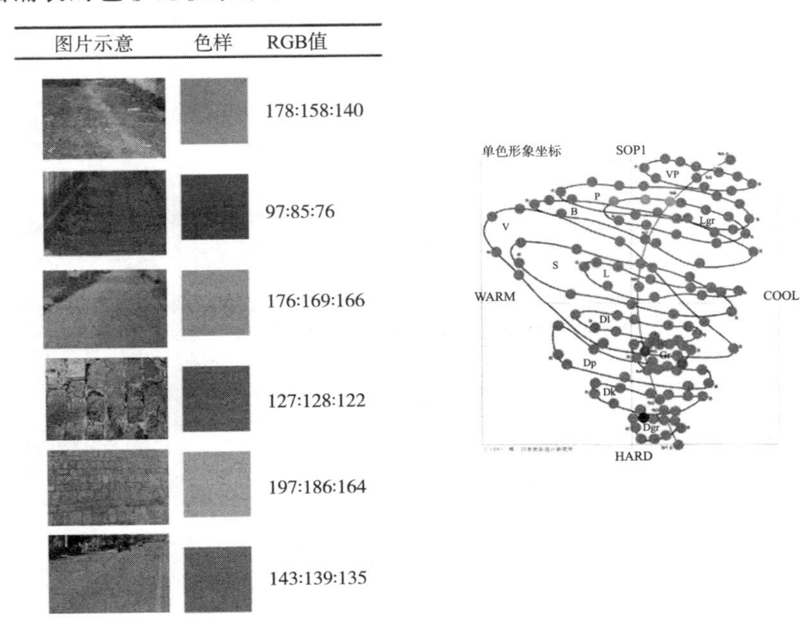

图片示意	色样	RGB值
		178:158:140
		97:85:76
		176:169:166
		127:128:122
		197:186:164
		143:139:135

图 7-10　沙海村道路铺装

（四）建筑单体色彩

建筑色彩是地域性色彩的重要组成部分，它同时受到地域性的气候地理条件和人文因素的影响。相比其他视觉造型艺术而言，建筑外观的色彩具有色彩面积大、存续时间久、造价成本高、影响人群多等特质，一旦选定，色彩力影响巨大（图 7-11）。从这个角度来看，建筑物的所有权也许是属于个人，但建筑外观色彩是公共景观的一部分，在材料色彩选择时，需要一定的政策指导。并且，沙海村作为文化特色鲜明、旅游资源出众的地区，如何用色彩元素强化特质，形成独有的视觉名片，管理与控制县域内建筑材料的色彩具有其战略意义。

欧洲的第二次工业革命见证了许多新建筑的建造，这些建筑使用新材料，具有越来越多的颜色[1]。农村地区受地理位置限制等多方面原因，经济发展缓慢，房屋形制变化不大。经过实地考察调研，沙海村的房屋建筑形制从最早期到21世纪初，尽管已经过去几十年，但整体无大变化，在选材、面积、层高等方面有显著的变化。

经改造后的房屋建筑多以砖红色屋顶搭配白色墙立面为主，色彩色调较为统一（新建房屋出现黄色、灰色和蓝色等）。但节奏单调，缺乏层次感，并且房屋建筑形制较为普通，缺少细节设计，因此整体品质仍有较大的提升空间。

(a) 早期住房　(b) 20世纪50年代　(c) 20世纪70年代　(d) 20世纪八九十年代　(e) 21世纪初

图 7-11　沙海区建筑外观变化

[1] CAIVANO J L. The research on environmental color design: brief history, current developments, and possible future[J]. Color Res Appl, 2006, 31 (4): 350-363.

1. 屋顶典型材质与色彩调研分析

沙海村冬季长，降雪多，屋顶形制为坡屋顶，有烟囱，目前屋顶多以砖红色瓦片铺制，少量为青瓦。传统瓦片主要来自当地，经过烧制而成。经过长时间的使用，瓦片的色彩产生变化，形成与自然和谐的色彩，也是当地文化积淀的表现。所以在现代工艺生产过程中，按照相同模式进行铺制，便可以与当地自然景观达到色彩和谐，新旧建筑也会相互融合。有些老旧建筑为了防止漏雨，在原有屋顶上面增加了一层彩钢瓦，由于受材料限制，颜色选择有限，多为蓝色和红色，如图 7–12 所示。

图 7–12　沙海村建筑屋顶

2. 墙面典型材质与色彩调研分析

通过调研总结表可以看出，沙海村民居建筑立面材质主要有烧制红砖、天然石材和混合材质三种，如图 7–13 所示，但目前墙面基本被粉刷成白色。按建筑年份看来，最初的房屋材质主要是土坯混合麦秸以坚固的木材为梁，色彩主要为中明度土黄色；后来发展为传统烧制红砖作为民居建筑主要材质，色彩艳丽，变化微妙细腻，无人工改造，有较高的审美品位；村内少量公共建筑会使用瓷砖或青砖材质，如村委会、农家乐等；相较于后期整体刷白亮化，更能体现出自然色彩的和谐；院墙材质多选用当地石材，由于天然石材形状不一，色彩各异，堆积成墙别有一番农家风味，现在许多民宿在设计时也会采用相同方式，加以人为设计，仿朴实农家风格。新建居民区在建筑材质上发生了变化，由原来的红砖换成了现代建筑常用的钢混结构，使用砌块砖进行砌筑，外面粉刷水泥，然后刷白色外墙漆，整体颜色也较为统一，相比老居民区少了一些地域性色彩的元素。

建筑立面的色彩分析得出，建筑主色调为立面墙体色彩，点缀色是门、窗户和其他装饰构筑物的颜色。在单色分析图中可以看出，色彩在H（硬朗）和C（冷）轴居多。

图 7-13　沙海村建筑立面

3. 单体建筑构件色彩

建筑单体细节简单，无特殊样式，缺少装饰性构件，单从其形制来看，并不能彰显本地特色。门主要分为院落门和房屋门两大类。院落围墙门多选用金属材质，门框为叠砌的红砖。金属门大多作为防盗门，除了全包的金属，还有镂空栏杆状的拉栅门，其颜色多为油漆红色，或未涂刷油漆的原色金属，属高艳度的暖灰色系。这些材质和色彩的选择也显示出了村民的用色习惯和喜好。

作为村落民居建筑院落中的房门，在体积上明显减小，旧时的木屋以木制材质为主，刷亮黄色漆，经过岁月的沉淀，油漆部分已经脱落，目前呈现出的是斑驳的木质门与未脱落完全的淡油漆色。新建民居的房门则多采用塑钢或金属材质，新建的活动板房采用的是夹心彩钢板材质，颜色以白色为主，如图 7-14 所示。

图 7-14　沙海村建筑房门

村落民居窗户较为朴实，早期房屋窗户多为木质结构，窗框线条简洁，色彩主要有赭石、木色、刷过黄漆呈现出的黄色。而新民居窗户主要以白色铝合金材料为主，色彩单调，形制单一，如图 7-15 所示。

图 7-15　沙海村居民窗户

4. 单体建筑

沙海村有 400 多年的历史，在古民居中保留了一些传统建筑，从中可以提取回族的传统色彩，如图 7-16 所示。通过色彩分析，可以得出这些建筑的色彩图像坐标，一方面作为与前几章提取的回族传统建筑色彩和人文色彩的对比；另一方面作为沙海村色彩规划的依据，可以尽可能地保留并适当创新。

图 7-16

图 7–16　沙海村单体建筑

5. 会馆宗祠

会馆宗祠是地方性建筑的另一大类型，包括乡籍会馆、姓氏祠堂、宗教建筑、民间信仰建筑，对普通民居而言，这类建筑的共同特点是规模大、装饰多、建造讲究，遵从一定的礼制规则。沙海村是伊斯兰教信仰的村落，村里现有寺庙 5 座，还有多座不同姓氏的祠堂祖厝建筑。寺庙建筑用色大多比较大胆、绚丽和丰富，如用白石砌成的墙裙、墙堵、柜台脚等，用红砖砌成建筑的墙身，用白石或青石雕成的条枳窗、螭虎窗等，屋顶用绿色石材或涂料点缀，在屋脊、墙体、门廊等地方还有一些彩绘装饰，颜色缤纷绚丽，如图 7–17 所示。

图 7-17　沙海村会馆宗祠

（五）基础设施色彩

村内公共设施较为简陋，主要有候车亭、村口牌、路灯、休息座椅、告示牌、活动器材等，目前现状为公共设施破损严重，并且数量少。村口有简易的候车厅，供往来的村民等车使用。但是由于使用多年，候车亭的表面漆脱落，并粘着各样小广告，形制与其他村落相同，陈旧且不美观，无沙海村特色；村内的公共设施寥寥无几：简单的白色路灯仅安装在主要道路，村内长住居民中老年人偏多，造成生活不便；残破的垃圾箱及两套可供村民休息的座椅可供行人和村民使用，但经过风吹日晒加上维护不当，色彩已经脱落，毫无村落形象可言，依据色彩规划，对公共设施进行改造，很大程度上能够改善居民生活环境，从细节上提升村落品质。村内布置的景观小品数量十分少，仅在村庄入口处有一处景观置石，写着“沙海村”三字，作为村落的入口标志。这一处景观置石选用的材料为自然石材，因此呈现出比较自然古朴的色彩风貌，石头上刻着的红色村名具有醒目突出的作用。整个景石颜色简单朴素，除了围挡的铺装颜色较亮以外，其余的颜色明度都较低，彩度值也较低，给人一种静谧祥和的感觉，具体如图 7-18 所示。

图 7-18 村内公共设施情况展示

四、沙海村景观色彩分析

（一）沙海村色彩现状

在前文中，对影响沙海村景观色彩的自然环境色彩、历史人文色彩、人工景观色彩进行了详细研究，并做了分析和整合，分别列出了单色坐标和图像坐标。我们把这些色彩分析图规整起来，就可以看到沙海村整体的色彩表现和问题，这也是建立沙海村最终色彩库的基础。

1. 自然环境

在自然环境色彩分析中，主要是对色彩的孟塞尔值和 RGB 色彩进行整理，在 NCD 单色图像坐标中显示各方面。地质资源的颜色主要是 5YR\10YR\10R\10PB，这些地质资源色彩决定了地区的建筑材料，直接影响建筑颜色和地面颜色。植物景观的颜色基本在 5 ～ 7.5GY，点缀着少量的 YR 色。主要在单色坐标的 *W* 和 *H* 轴上，沙海村自然环境色彩具体如图 7–19 所示。

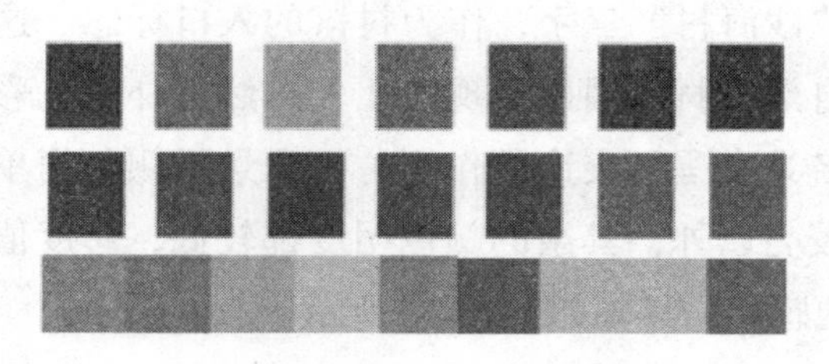

图 7-19 沙海村自然环境色彩

2. 历史和人文

从历史和人文色彩中提取主色和次色，并对图像坐标进行总结。

有代表性的色彩方案图像见图 7-20。这些图像坐标是沙海村色彩规划中需要的关键参考资料。

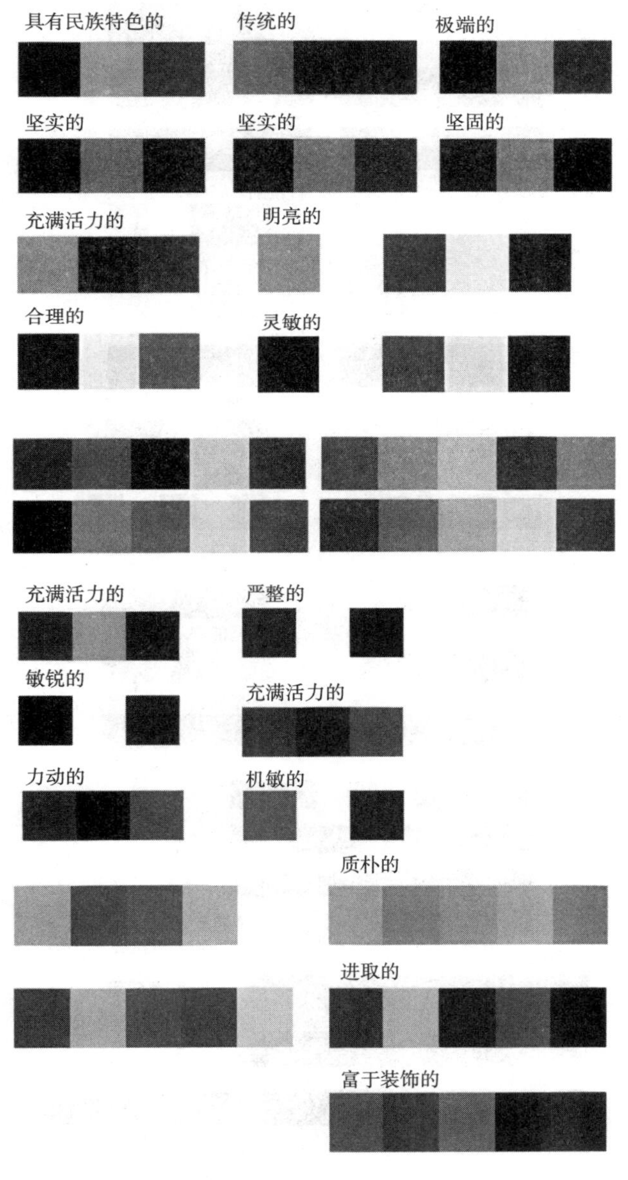

图 7-20　沙海村历史和人文色彩

3. 人工景观

在人工景观色彩中，对村庄色彩、街道色彩和建筑色彩、公共设施色彩进行了分析，并在图 7-21 中进行了色彩总结。

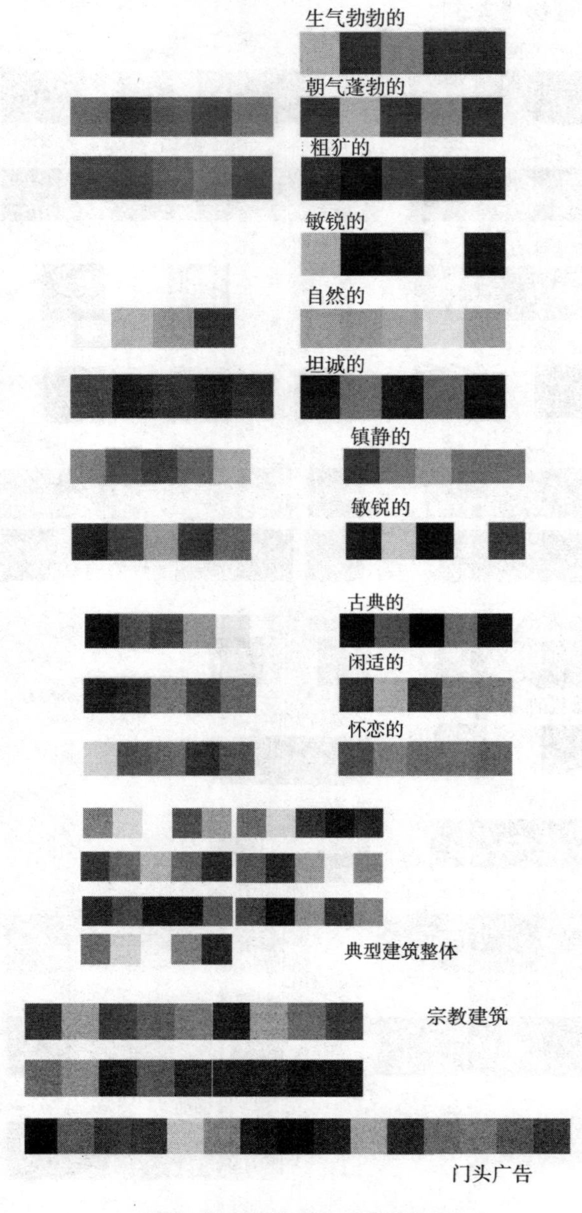

图 7-21　沙海村人工景观色彩

（二）色彩现状存在的问题

经过现场调研和色彩采集，从分析汇总所得出的结论来看，目前存在的色彩现状问题有以下五点。

1. 建筑立面色彩混乱

建筑外立面改造是在建筑原有结构的前提之下，增添极具地域特色和乡村文化的装饰元素，从材料和元素着手，本着尊重场地文化的原则进行建筑外立面的“轻改造”。在中国农村建设过程中，为片面追求村庄建筑的视觉美感，曾一度流行将中国南方的“徽派建筑”风格移植到北方。根据对沙海村的整体色彩调研，我们发现村庄建筑立面多为灰白色，主色、辅助色、点缀色不协调或比例失调。部分沿街墙体采用整体粉刷涂料或贴白瓷砖的方式对建筑墙体进行装饰，这种简单的粉饰没有起到美化效果。外墙灰白色的广泛运用，使村落失去了特色。且村庄的不同生产、生活区域之间建筑色彩并无差别，色彩特征不足，新旧不一，视觉感受凌乱，需要在色彩氛围营造上进行提升设计。

2. 建筑材料标准不一

调研中我们发现，沙海村部分民居及重点街道两侧建筑材质选用无统一标准，这一问题大大影响了村庄整体景观色彩的规范性。材料质地肌理色彩本身也是一种语言，可以传递某种信息，如何合理运用建筑的材料、技术、理念，进而增强材料质地肌理美感，需要对建筑的材料进行合理系统的要求。例如，墙砖作为传统砖木结构房屋的主要建筑材料，在体现建筑色彩方面尤为明显，但旧时各砖厂烧制工艺不一，而且百姓在自建房屋时为了节约成本，多采用新旧砖掺在一起的做法，导致建筑材料具有较大差异。

3. 建筑色彩特色不足

房屋建筑色彩无明显特征，与周边自然环境色彩缺乏联系，山水风光色彩与建筑色彩存在不协调局面。在乡村规划中更偏向于“城镇化”与“类城市化”，规划设计和建设上的同质化、千村一面现象比较严重。

4. 传统民居风格丢失

在设计中，注重反映乡村景观所体现的场所历史、延续场所文脉，成为构建新景观、体现场所独特性的一种方式。在调研中我们发现，沙海村新建房屋建造，并未采用传统民居所带有的特色，原有的文脉色彩未得到应有的传承与发展。此外，村落中公共设施不齐全，并且无统一色彩配置。

5. 环保意识不足

静态空间形态是指在相对固定空间范围内，视点固定时观赏景物的审美感受。以天空和大地作为背景，创造心旷神怡的旷达美；以茂密的树林和农田构成的空间展现荫浓景深之美；山水环保瀑布叠水围合的空间给人清凉之美；高山低谷环绕给人的深奥幽静之美。在调研中，我们发现沙海村气候环境、自然条件较好，但村落中存在随处乱扔垃圾、随意堆放杂物等不文明现象，这也给沙海村整体色彩形象带来了不好的一面，破坏了村庄整体的整洁度和色彩协调。

第二节　沙海村景观色彩规划

沙海村色彩总谱确立后，将对该区域色彩规划设计产生指导作用。对建筑（新居民区、老居民区）色彩，商业街道色彩，铺地色彩、公共设施色彩四个方面建立色彩规范，最后制作沙海村色彩总体规划概念方案。

从村落功能区域划分来说，居住区和商业区的色彩应该分开规划，居住区内不应该出现广告，而公共设施区的色彩应该相对明快，在针对不同建筑的色彩规划应使用不同标准，这样可使整个街区色彩和谐多变。根据对沙海村环境基底色彩的感知评价及意向偏好的分析，得出现状环境基底色彩略艳丽和杂乱，因此应该多增加一些传统的色彩元素，创造更加和谐的环境基底色彩风貌。除硬件设施的改善，还提升文化软实力，进行农产品特色体系建设，将沙海村的特色与内涵展示出来，使规划方案更加个性化，更具有美学价值。

一、色彩体系构建标准

乡村色彩景观规划的关键在于如何突出地方特色，如何用现代技术展示当地传统景观，如何正确处理人造景观与自然景观的关系，如何正确归纳出能够被乡村居民所能接受、认可的色谱、色系，以及如何平衡现代大众审美与传统审美的关系。

乡村色彩体系构建的标准，实际上是讨论色彩标准的问题，明确什么是好的景观色彩。所谓“标准”，《新编现代汉语词典》作出的定义为“衡量事物的准则；本身合于准则，可供同类事物比较核对的”[1]。指的是运用主客二分的传统哲学认识到并规定的可重复的、普遍的东西。所以，乡村景观色彩是有标准的。美国学者简·雅各布斯早就指出：“城市不能成为一件艺术品。”[2]那么同样，乡村是人生活的容器，它的物质形式是人生活的视觉投影，这个容器是否具有艺术品一般的美感只是表象，决定表象的深层原因是人的生活、感受和体验。人的感受和体验，一般来说，是个别的、不可重复的。乡村色彩是否存在普遍性的体验，是否具有共同的、可重复的标准呢？对于人个体的色彩感知来说，色彩是种审美体验，是独特的、具有创造性的，因此是不可重复的。但对于群体，如城市居民群体来说，却存在共同的体验，因为人们有集体记忆，有传统，即不同地域的人类为了生存而世代相传的生活经验[3]。这些生活经验投射到乡村的物质容器上，连同它的自然背景（天空、大地、植被等）、村民的生活场景，就构成了我们视野中的乡村色彩。

（一）愉悦感

乡村首先是人类聚集生存的场所，它的物质形式就是场所的容器。当这个人造的容器能满足人类的生存需要，能给人们带来和谐情感时，就成了家，家在本质上是愉悦的[4]，乡村景观色彩的“愉悦感”可以分为三个层面。

第一个层面是好的日常生活。一处好的环境意象能够使拥有者在感情上产生十分强烈的安全感，能由此在自己与外部世界之间建立协调的

[1] 辞书编委会．新编现代汉语词典（规范版）[M]．长春：吉林出版集团有限责任公司，2012：75.

[2] 雅各布斯．美国大城市的死与生[M]．金衡山，译．南京：译林出版社，2006：342.

[3] 费孝通．乡土中国[M]．南京：江苏文艺出版社，2007：20-21.

[4] 芒福德．城市发展史：起源、演变和前景[M]．宋俊岭，倪文彦，译．北京：中国建筑工业出版社，2004：9-16.

关系[1]。村民的日常生活是否好的标准其实是很低的，只要不出现刺激感官的不良因素，那么生活就都是好的。因此，具有“愉悦感”的好的乡村景观色彩至少是没有色彩污染的。同时，还要给乡村外部空间带来可识别性，增加人们日常生活的安全感。

第二个层面是超越日常生活的单调。日常生活难免单调乏味、琐碎平庸，难免在理想与现实之间不断妥协，生活就是和众多的“烦”纠缠在一起[2]。在村落的整体容器中，有“愉悦感”的色彩能使人们在熟视无睹的、麻木的日常生活中眼前一亮，获得审美体验和享受。这类色彩组合也许只是局部的，但一定是高度艺术化的。

第三个层面是生态感。大自然是人类真正的家园，只有身处于这个家中，人才能获得最大的愉悦。人类的祖先生活在自然山水中，他们熟悉本地的阳光、气候、大地、植物，习惯了在这片土地上生存。乡村原本就具有“山水之中”的特质，却随着不科学的规划失去了原本的人类对于生态感需求的心灵源头。如果人们感受不到，人们的心灵得不到慰藉，再多的资金投入、再先进的科学技术，仍是枉然。

（二）新鲜感

旅行的人，来到一个陌生的场域，能激起他“新鲜感”的色彩就是美的。这个标准在以往似乎不能称为标准，因为事实本该如此。异乡人血液里带着不同的生活经验，背负着不同的文化传统，这些都是他认知城市色彩的参照母本。陌生的土地、陌生的城市自有一套母本。不同母本的巨大反差必然引起他的惊异，产生“新鲜感”。被礼赞的明清北京城就是个典型，美国规划师埃德蒙·N. 培根（Edmund N. Bacon）说：“北京可能是人类在地球上最伟大的单一作品。”他进入紫禁城后，感叹庭院和三大殿具有难以置信的色彩强度，金黄色的屋顶顶着蓝蓝的天空，造成了一种无与伦比的建筑力度感[3]。

---

[1] 林奇．城市意象[M]．方益萍，何晓军，译．北京：华夏出版社，2001：3-4.

[2] 张世英．新哲学讲演录[M].桂林：广西师范大学出版社，2008：26.

[3] 培根．城市设计[M].黄富厢，朱琪，译．北京：中国建筑工业出版社，2003：244-249.

二、公众意向色彩调研分析

本次色彩调研中，以调查问卷的形式进行了公众感知色彩的调研。一方面，通过调查数据，从公众感知的角度出发，对村落现状的环境基地色彩及历史人文色彩进行评价和偏好的分析，从中探讨现状色彩景观存在的不足及需要改进的方向，为进一步提出相关建议和策略提供依据。另一方面，通过现场调研，让居民对乡村景观色彩产生一定的认知，从而在后期对于色彩的维护和管理配合中产生一定的积极态度。

（一）问卷方案

1. 制作问卷

此次问卷根据沙海村景观色彩课题设定，经项目组讨论，对问卷进行设计和修改，最终完成。本问卷共有 10 个问题。本次问卷调查采用选择题的方式进行信息收集，在方便被调查者填写的同时又缩短了填写时间（调查问卷内容见附录）。

2. 调查情况

发放问卷地点均位于沙海村和周边乡镇人流量较大的场所，问卷小组当场发放当场回收，这样确保了调查问卷的真实性和有效回收，本次问卷调查共发放 110 份，全部回收，均为有效问卷。被调查者如对调查问卷有任何疑问均可提问，问卷小组现场答疑。通过此次调查，还可观察到居民对乡村景观色彩的关注程度，为后续研究提供了重要的参考数据。

3. 数据整理

本调查表的输入分为两组进行输入和审核，以确保数据的准确性。为了更直观地观察调查结果，所有汇总的数据都被绘制成图表进行直观的分析和归档。

（二）问卷分析

1. 被调查者基本信息

通过问卷的统计，对被调查者的基本信息进行分析如下：

（1）性别。在 110 名受访者中，男性有 53 名，占总人数的 48%，女性有 57 名，占总人数的 52%，男女数量基本持平，女性比例略高于男性，如表 7–4 所示。

表7–4　被调查者性别比例

调查主体	男性	女性
乡村管理人员	6	3
相关专家	7	8
当地居民	31	39
外籍人士	9	7
汇总	53	57

（2）年龄。从年龄结构上看，18 岁以下的只有 6 人，占 5%，因为农村行政管理人员和相关专家学者大多在 18 岁以上，且青少年大多在城镇学习或外出工作。18 ～ 35 岁和 35 ～ 65 岁人群的比例相似。管理者主要包括居委会和派出所工作人员。在对专家学者的调查中，主要以相关专业的学生和教师为群体。当地居民大多是老年人，36 ～ 65 岁的人口为 59 人，占 54%，如表 7–5 所示。这张表也反映了沙海村所在的菏泽市传统村落的人口年龄。越来越少的年轻人留在村里，老龄化的情况逐渐严重。

表7–5　被调查者年龄结构

调查主体	＜18 岁	18 ～ 35 岁	35 ～ 65 岁
乡村管理人员	0	4	5
相关专家	0	6	9
当地居民	4	28	38
外籍人士	2	7	7
汇总	6	45	59
比例	5 %	41%	54%

2. 沙海村景观色彩整体评价

有受访者表示，对沙海村色彩的第一印象是色彩凌乱，缺乏统一性、除了建筑和绿化，少了点其他点缀彩色，建筑太多，土地、色彩太少，绿化太少。人们认为目前造成沙海村色彩品质不佳的主要原因是普通民居、公共建筑、商业街、景观、道路、绿化、公共设施（座椅、公交车站等）、广告牌匾等。

如图 7-22 所示，有效问卷的统计结果显示，26% 的受访者对沙海村景观色彩整体印象满意，另有 74% 的受访者选择颜色一般或差，这说明沙海村的景观色彩需要进一步改善，才能得到广大居民的认可。此外，问卷调查的分析结果显示，近 78% 的调查者认为沙海具有代表性的色彩，这说明沙海作为一个传统的少数民族村落，其本身传统色彩较为突出。与此同时，63% 的受访者认为沙海村需要有自己的景观色彩规划，因此如何合理提高整体的色差是非常重要的。

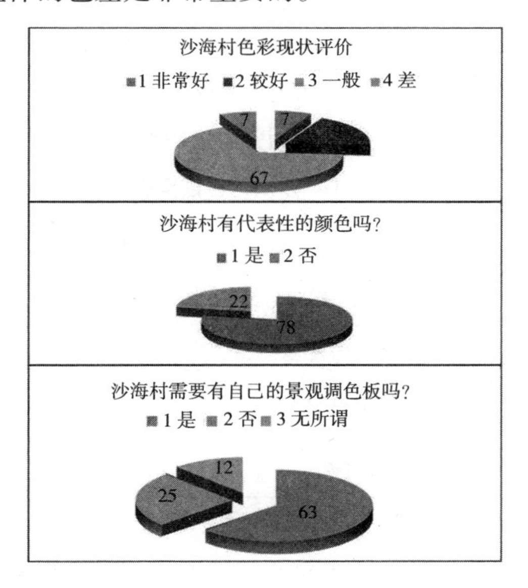

图 7-22　沙海村景观色彩评价调查结果

（三）公众色彩喜好调查

调查问卷中以 NCD 的语言形象坐标为标准，列出了三类形象和相对应的 16 种形象模式，分别是：华丽的形象（可爱的、闲适的、动感的、豪华的、粗犷的）；稳重的形象（浪漫的、自然的、精致的、雅致的、古典的、考究的、古典且考究的、正式的）；清爽的形象（清爽的、冷且闲适的、现代的）。

对于期待村庄的色彩规划呈现何种风貌及主色调的选择，分别有31% 的受访样本选择了“自然的”，20% 的受访样本选择了“闲适的”，16% 的受访样本选择了“古典的”，11% 的受访样本选择了“现代的”，9% 的受访样本选择了“精致的”。基本符合历史文化色彩和历史人文色彩的形象样本。

对于喜好颜色的选择，最多的人选择了白色、绿色和红色，颜色的选择跟伊斯兰宗教色彩非常一致。

三、沙海村色谱构建

根据第三章自然环境色彩、人文历史色彩、人工景观色彩的调研的色彩进行叠加、分类整合，选取适宜村落未来规划发展的色彩进行保留，剔除不和谐色彩，将筛选整理后的色彩按照色度学进行梳理，得到初级色谱，作为色彩最终构建的基础，如表 7–6 及图 7–23 所示。

表7–6　沙海村色谱构建

色彩类型	具体表现
环境色彩	泥土、绿植、地面
历史人文色彩	建筑内外色彩、宗教色彩、传统服装色彩、工艺美术色彩
人工景观色彩	建筑色彩（墙立面、屋顶、窗户、其他装饰元素） 公共设施 广告牌

沙海村色彩规划总谱，由主色调、辅助色和点缀色组成，主要来自沙海村周边村落现场色彩调研、民俗风情和调查问卷分析的汇总情况。它综合考虑了沙海村的独特性与本土化，可以作为村落形象改造的重要依据。

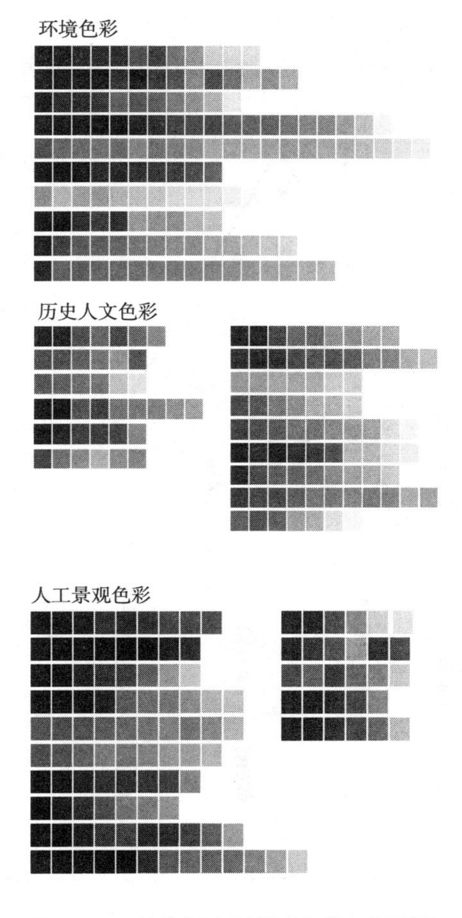

图 7-23　沙海村乡村景观色彩初级图谱

根据初级色谱，结合公众意向色彩、NCD色彩的色彩坐标和色彩心理坐标，同时考虑色彩的诱目性特征规律。色彩诱目度等级图按照色彩诱目度的规律，将色彩规划地区的景观要素进行排列，如图 7-24 所示。表格中越接近上方的设计类别，代表在设计中的色彩诱目度越高，越接近下方的设计类别，代表对诱目的要求越低。色彩诱目度的等级既与功能有关，也与面积和时效性有关。总体而言，相对长期不变的、面积较大的、背景类、静态的、非重要的位置的，色彩诱目度较低，而变化快、临时的、小面积的、活动的、重点的部分，色彩诱目度较高。在诱目度色彩层级的指导下，便可将色彩原型中的研究成果归纳分类，让色彩采样得来的色样组织成为色彩库基本参考样本。色彩库中的色彩按照色相和色彩纯度进行分类，在进行城市规划中可以按照需要从里面提取相应的颜色。

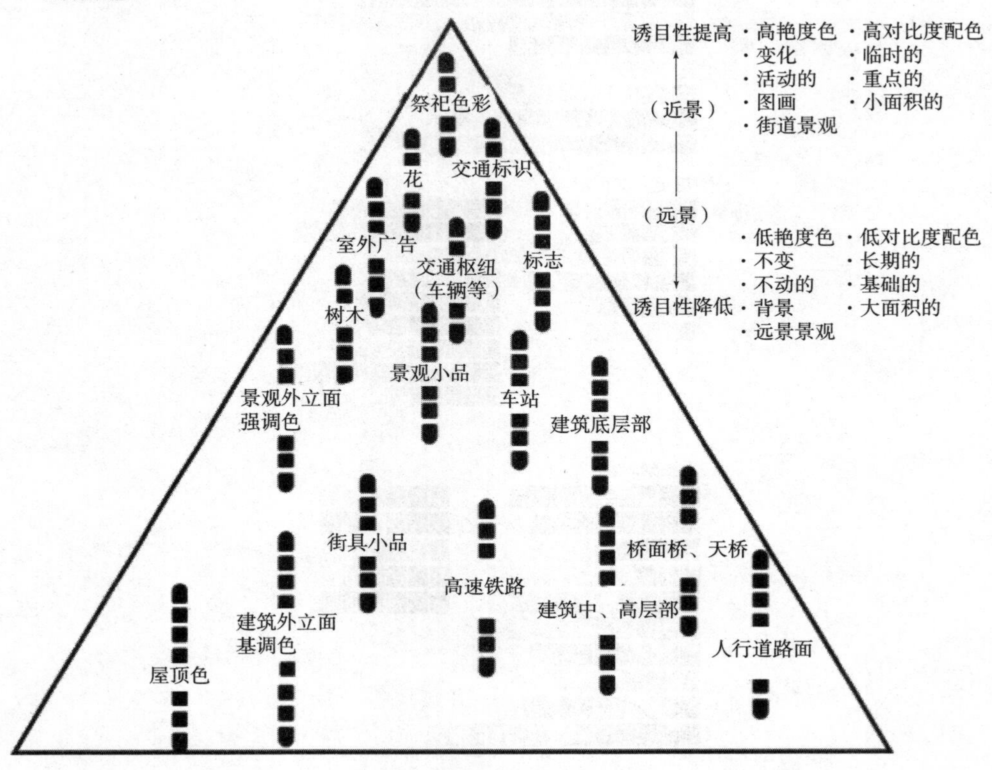

图 7-24　诱目性等级图

（资料来源：《环境色彩设计技法——街区色彩营造》）

根据上述考虑和筛选总结，将整合的色彩列出色号进行分组排列，这样就大致得到了适宜沙海村的色彩规划总谱，以此作为沙海村色彩提升改造的概念色谱，如图 7-25、图 7-26 所示。

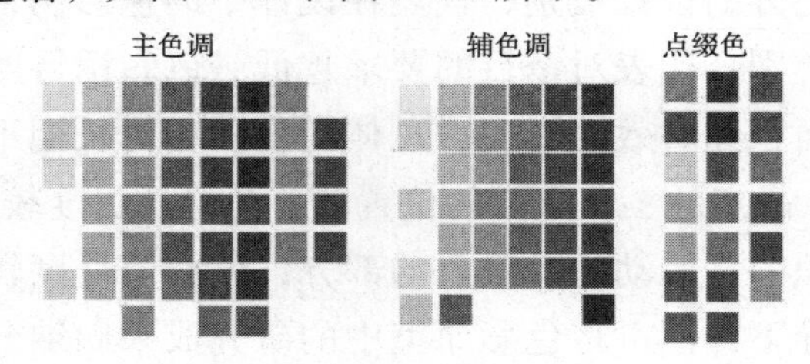

图 7-25　沙海村色彩总谱

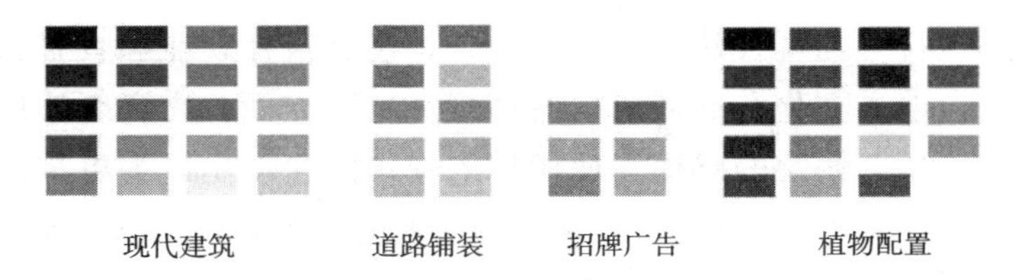

图 7-26　环境基底色彩推荐色谱

四、沙海村景观色彩规范

新确立的沙海村色彩总谱，将对该区域色彩规划设计产生指导作用。接下来，对建筑（新居民区、老居民区）色彩，商业街道色彩，铺地色彩、公共设施色彩四个方面建立色彩规范，最后制作沙海村色彩总体规划概念方案。

从村落功能区域划分来说，居住区和商业区的色彩应该分开规划，居住区内不应该出现广告，而公共设施区的色彩应该相对明快，对于不同建筑的色彩规划应使用不同标准，这样可使整个街区的色彩和谐多变。根据对沙海村环境基底色彩的感知评价及意向偏好的分析，得出现状环境基底色彩略艳丽和杂乱，应该多增加一些传统的色彩元素，创造更加和谐的环境基底色彩风貌。除硬件设施的改善外，还应提升文化软实力，农产品特色体系建设，将沙海村的特色与内涵展示出来，使规划方案更加个性化，更具有美学价值。

（一）建筑外观色彩

1. 建筑立面

旧居住区域除拆除部分荒废房屋外，主要考虑建筑本身的色彩体现及色彩延伸，主要色彩是砖墙本身的 R、YR 和 Y 色系，不做刻意的色彩体现，只延伸饰构件和门窗柱颜色的进行色彩建议规范。

新建民居区立面一方面将原有的整体刷白亮化改变为多种色彩搭配，整体呈现出色彩变化，富有韵律感，使村落环境地域性的色彩更加清晰，并且与老居民区的颜色形成协调变化的关系。另一方面，在重新规划新居民区时候，考虑以就地取材为原则，通过现代化的施工方法，建筑材质多选用当地产的天然石料和木材，可进行简单修饰，以达到色彩协调，将传统建筑符号与现代建筑语言相结合，使建筑外观能够具有特色和原创性，成为地方文化和地域风情的体现。色彩方面，高亮度的色彩特征给人一种轻松、愉快的感受。现代住宅建筑的建设比过去更多地考虑了居民的心理需求❶。沃查拉·斯洛坎等学者的实验和观点都证实了暖色可以创造出充满热量和能量的氛围❷。

2. 建筑屋顶

民居屋顶主要形制为坡屋顶，目前以红砖瓦和青砖瓦色彩为主，老民居个别使用红、蓝等亮丽的颜色，形成鲜明对比，远处看去格外醒目。因此在改造过程中结合村庄色彩现状，以及村民色彩接受习惯、宗教禁忌等，结合材料实际特征，建议屋顶色彩保留原有的瓦片颜色，对于原有的红色和蓝色屋面进行推荐色调整，使得整体既统一，又不失层次感，如图 7-27 所示。

（a）民居屋顶调整（一）

❶ GUILLÉN M F. The Taylorized Beauty of the Mechanical: Scientific Management and the Rise ofModernist Architecture[M]. Princeton: Princeton University Press , 2006.

❷ BERRY P C. Effect of colored illumination upon perceived tem perature[J]. J Appl Psychol, 1961, 45 (4): 248-250.

（b）民居屋顶调整（二）

（c）民居屋顶调整（三）

（d）民居屋顶调整（四）

（e）民居屋顶调整（五）

图 7-27　民居屋顶调整

（二）商业街道色彩

1. 门头色彩规范

商业作为回民街的主要经济支撑，色彩规划的好坏决定了街道环境的品质，因此商铺门头的色彩成为重点。本次对于商铺建筑的色彩提升在原本色彩的基础上进行，使色彩能和谐统一，突出商业街道的特色。

彩画是一种在建筑物的檩、枋、梁、柱等部位进行作画的装饰艺术。

回民街的建筑多以仿古建筑为主，所以对彩绘的使用也十分普遍，下面列出推荐的彩绘图案、纹样与色彩。根据回民街特质，色彩以蓝、绿色为主，图案纹样多以植物、经文为主，具体如图 7-28 所示。

图 7-28　回民街商铺彩画展示

2. 户外灯箱广告牌色彩规范

以前沙海商业街道为例（图 7–22），原本街道上布满了让人眼花缭乱的 LED 彩色灯牌，还悬挂着各种横幅、幌子、刀旗等，在改造中去掉这些大面积杂色，在保障色彩和谐统一的前提下体现各个店面的特色招牌，使整个街道上的广告牌更好地融入街道的基色中。鉴于回民街为伊斯兰教民众聚集的区域，所以在门头色彩中允许出现伊斯兰教建筑常用色彩，其色彩为点缀色，具体如图 7–29 所示。

图 7–29

图 7-29 回民商业街灯箱广告色彩展示

（三）公共设施色彩规范

沙海村的公共设施色彩规范主要包括垃圾桶、公共座椅、服务亭、周边公交车站牌和路灯的用色规范。历史建筑区的色彩主体偏暗，体现出历史文化的深厚积淀，近现代建筑区的色彩相对明亮，给人以轻松、明快的感觉。公共设施的色彩搭配主要取自乡村特色，将原有不成体系的公共设施进行更换，能够更加完善村落色彩规划，具体如图 7-30 所示。

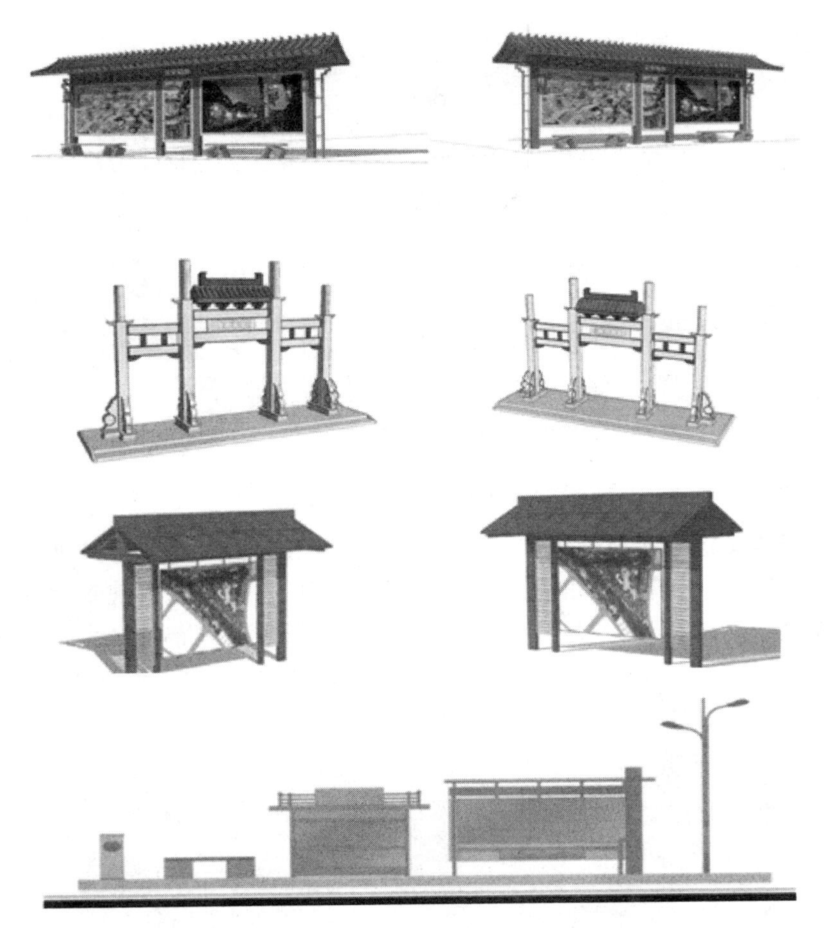

图 7-30　回民商业街公共设施色彩展示

（四）路面铺装色彩

道路路面在村落色彩环境中占相当大的比例，起到了很大的影响。因此在路面铺设的过程中，也要进行色彩搭配和形制的设计，以体现出村落风貌。铺地色彩是城市环境色彩的一部分，它衬托了环境色彩的和谐。在此列举了商业街、人行道、居住区、公园、广场及停车场的用色色谱和应用规范。相对于建筑立面的色彩，铺地色彩力度较弱，在主色调得以保证的情况下，铺地色彩可以根据情况的不同进行调整，具体如图 7-31 所示。

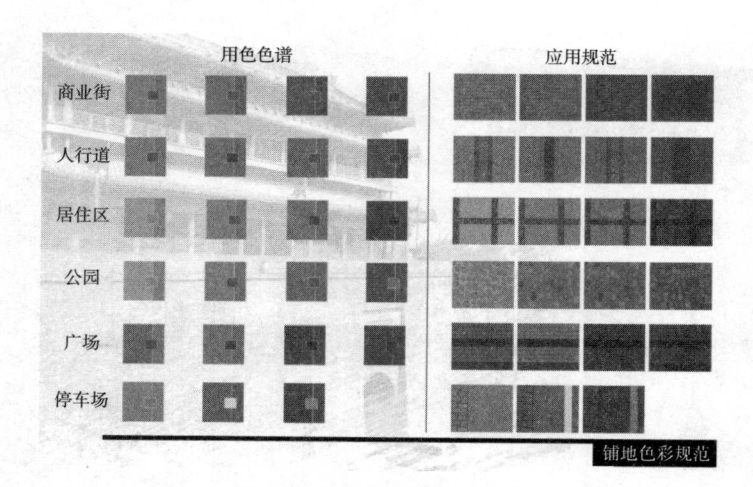

图 7-31 回民商业街路面铺装色彩展示

墙体颜色分布是通过实地调研和问卷调查分析，在合理的推导下得出的。墙体的主色调以白、灰、红砖为主，加入一些仿古建筑元素，门窗和柱子的颜色多为绿色和赭石色。屋顶色彩色度分布的概念是根据屋顶色彩的现状进行的合理规划和改造。在实际操作中，根据不同情况，可在遵循整体色彩统一的基础上稍做调整，具体如图 7-32 所示。

图 7-32 屋顶色彩规划改造

第八章　结论

在本书最后，笔者再次回过头来想：什么是乡村的色彩？为什么要进行乡村景观色彩的规划设计？问题的答案只有一个，那就是基于人的需求。在亚伯拉罕·马斯洛的“需求层次理论”中，人的需求或人性定义为从低到高分为五个梯级：生理需求、安全感、归属和爱的需要、受人尊敬和自我实现。这种五梯级的需求可分为不足需求和增长需求[1]。人类在满足最基本的生理需要后，就有相对更高层次的需求，这种需求在同一时期或不同时期的不同地域、不同组织中又会有着不同的变化，充满差异性。乡村色彩是乡村自然美、建筑美的重要表现，也是人居环境发展水平的重要考量，人工色彩和自然色彩的和谐统一是设计追求的目标，最终的目标指向是“以人为本”。

因此，我们意识到人类对外界的认知超过 3/4 来源于视觉的感知，颜色又作为视觉感知的核心要素，那么对于特定空间环境的色彩体系规划的重要性不言而明。然而，随着工业化、城镇化的进程，社会经济的发展给现代中国农村带来了巨大的发展思想冲击，这种城乡差异带来的思想“碰撞”，不仅影响着乡村的经济，更影响着广大乡村对于各种人工景观的建设，有正向的影响，也有盲目规划、随意建设带来的负面影响，产生负面影响的原因主要在于乡村景观规划的缺失，尤其是色彩规划的缺失。

随着中国乡村振兴战略的实施，越来越多人的目光开始投向美丽乡

[1] 马斯洛．动机与人格 [M]．陈海滨，译．南昌：江西美术出版社，2021：24-26.

村建设，大量的规划设计师开始走进乡村，参与系统的乡村规划建设。在可见的未来，相信随着越来越多专业人士的参与，中国的乡村景观规划必然走向更加科学、规范的发展轨迹。从目前的情况来看，虽然大多数中国乡村开始提高对色彩规划的关注度，但国内外对于景观规划与色彩设计的系统性研究重点围绕城市展开，对于乡村的研究不足，还没有开发出系统的、规范化的围绕乡村色彩管理的技术成果，导致部分美丽乡村规划建设的景观色彩体系主要基于地方负责人及色彩规划设计师的主观判断与个人喜好，这种局限性可能会导致乡村景观色彩规划走向混乱的路径。因此，为提升乡村景观规划的科学性，真正建立起符合中国乡村的色彩体系，就必须通过深入的色彩研究，寻找符合中国传统文化、民族文化的文化根基，符合中国现代农村居民色彩接受习惯，符合自然与人居环境协调的反映当地身份特质的色彩体系。这一路径的实现，势必是理性的、客观的。

第一节　研究结果

本书以整理得出适用于中国鲁西南地区乡村景观的色彩规划为目的，通过研究国内外城乡色彩规划设计手法，结合孟塞尔色彩体系、NCD色彩体系等相关色彩研究理论体系，得出了以下三个方面的研究结果。

一、明确了乡村景观研究对象和方法

乡村景观色彩根据色彩的物质载体可分为自然色彩和人工色彩，其中，自然色彩又包括乡村人居空间中能被感知的土壤、岩石、水系、自然植被、日照、气候、天空等，笔者将其称为“乡村的底色”。中国的乡村集空间环境的生态功能、生产功能、美学价值、文化价值于一体，受人工因素和自然环境影响俱深。在乡村景观的设计中，人工色彩和自然色彩的和谐统一是设计追求的目标。例如，植物与建筑色彩的结合，一方面是为了提升村民居住的自然环境质量；另一方面，村居色彩与外围植物景观的色彩融合、和谐与关联性，也能给人们一种视觉上的享受。这种人为的植物色彩与建筑色彩相协调的做法，势必能够满足当地人对色彩的喜好，因此，设计师在采集色彩的过程中，对于环境色彩的采集就要更加全面。

本研究重点研究了孟塞尔色彩体系、NCD色彩体系等色彩理论，总结了基于色相、明度和纯度的“色彩三属性”的色彩认知框架。除了色彩研究的方法理论架构，还有对于色彩信息的采集，主要包括对地域色彩信息的采集，以及地域文化习俗、地域自然与人文色彩及气候、地理环境等。本研究通过对沙海村进行宏观、中观、微观三个层面的分析，对聚落建筑进行了整体的普查调研，选取典型建筑进行定量测绘和测色，对主要的建筑材质和建筑装饰进行测色，通过专业仪器的采集、拍照、图示分析等方法，获得色彩数据样本，形成色彩分析综合图表。

二、通过对乡村自然环境色彩的分析，得出了与之相协调匹配的景观色彩范围

世界各国的农村景观特色都有所不同，存在一定的差异，但不可避免都是由自然景观、生产景观和聚落景观三大要素构成的。一般意义而言，乡村依托农业生产而建立，这种农业生产或为农业种植、或为农业畜牧、或为渔业等，但都依托于特定地域的自然环境基底而建立。本书的研究对象沙海村是典型的平原地区村庄，村落布局顺应该地地势，整体空间布局较为集中，民居建筑风貌较为整齐，以片状分布为主。沙海村所在的中国鲁西南地区，大多依托广袤的丘陵或平原建立，属于温带季风性气候，四季分明、寒暑适宜、光温同步、雨热同季，冬春两季降雨量少，在洛伊丝·斯文诺芙提出的“城市或地区光亮度”[1]方法中，沙海村属于阴影中的地区，色彩的明度变化具有黑白灰多个层次，光线较柔和，景观色彩的视觉呈现更接近于固有色。植物景观因为其兼具自然与人工的特质，不仅受到当地气候条件的影响，还受到地域村民的色彩接受习惯选择影响，表现出不同的色彩特征。

---

[1] 斯文诺芙．城市色彩：一个国际化视角[M]，屠苏南，黄勇忠，译．北京：中国水利水电出版社，2007：33-34.

三、通过对中国传统色彩体系及少数民族、乡村人文历史的了解，得出了符合地域人文身份的色彩识别体系

人们对色彩的感知分为无意识的色彩反应、潜意识的色彩反应与有意识的色彩反应。不同的地域有着不同的文化接受习惯，这其中就包含着对于色彩的公众认知。地域的人文历史、民族构成、宗教信仰、民俗习惯是影响乡村色彩景观规划的重要参照因素，这些都是对色彩的无意识反应、潜意识反应与有意识反应产生重要影响的因素。其中，人文历史包括地方的历史遗存、历史经历等内容，体现着聚落内人们在历史长河中形成的对某些色彩的独特感性认知；除了人口最多的汉族外，中国有55个少数民族，“民族构成”对色彩的影响能够更加鲜明地反映出这一地域人群的不同色彩情感，不同的民族所处的生存环境、人口迁徙经历等都会影响其对色彩的无意识或潜在感知反应；宗教信仰则体现为不同的宗教体系内，其历史上形成的宗教教规、宗教文学等对于色彩的喜好情况；民俗习惯则是某一地域内居民在长期的历史融合过程中，通过文明习惯的碰撞、交流所形成的共通的色彩认知习惯，比如，中国历史上长期存在着少数民族与汉族的交流融合，在此过程中，两种以上的不同文化在一起交流、融合，便形成了这些民族在同一聚居区共同的民俗习惯，这些包含民俗活动、宗教信仰、神话传说的习俗也能反映出地区人民对于色彩的喜好情况。

本书所研究的沙海村作为典型的少数民族——回族聚居村，有着数百年的少数民族迁徙和文化融合过程，回文化、农耕文化、伊斯兰文化、汉族传统文化在此处相互渗透，形成了丰富多彩的色彩喜好体系，但在村庄发展过程中却没有能形成良好的规划，导致各种文化遗存与缺乏规划的现代商业建筑形成了不合宜的视觉冲突。调研中，得知沙海村回族喜好的色彩有红、绿、蓝、白、黑等，这与回族信仰伊斯兰教关系密切。因此，无论是村庄的回族清真寺建筑、特色民居、牌坊等，抑或是村民的传统服饰、现代服饰等，都能鲜明地体现出他们的色彩喜好，这也是对于回族人、回族建筑、回族工艺美术等的色彩识别。本书通过对沙海村传统文化、地域文化等的分析，得出了符合当地的色彩识别体系。

第二节　沙海村研究结果

本书基于乡村景观色彩规划设计而进行，在此过程中，笔者将其应用于中国山东省菏泽市沙海村，通过对研究对象的分析得出研究结果。

一、确立色彩调研框架

确立了以地域色彩调研、色彩景观现状调研、村民感知意向调研为三要素的色彩调研框架，针对本书研究对象沙海村的乡村景观色彩进行调研，以地域色彩调研、色彩景观现状调研、村民感知意向为三要素展开。

（一）地域色彩调研

以自然环境背景、人文历史背景为切入点，针对沙海村色彩情况进行调研。

（二）色彩景观现状调研

以村庄的人工色彩和环境色彩为切入点，以土壤、植被、田地等环境色彩及道路、建筑、公共设施、居民服装等为主要素，借助色卡实地比对、测色仪现场采集、景观摄影等分析手段，提取色彩信息，确定色彩数据库，对测得的数据进行归纳，确定相应的孟塞尔颜色体系坐标值，进行恒定与非恒定色彩要素的综合分析；其中，对色彩的调研数据采集时，要注意调研选用合适的时间点，合适的远景、中景、近景、近距离景观拍摄点，以及进行色彩的计算机数据提取，运用色卡、测色仪等工具进行色彩比对。

（三）村民感知意向调研

主要通过对村民的访谈、问卷调研等展开，了解长期居住在此的村民对色彩的当前感受及未来期望。本书在对沙海村色彩规划村民感知的调研中总共发放回收 110 份真实有效的问卷，男、女比例基本持平，在色彩选择上也基本符合村庄调研中对该村落回族居民色彩习惯的认知分析。

通过对沙海村传统居民住宅区、商业区、新建住宅区的调研，我们发现沙海村的气候环境、自然条件较好，但村落建筑立面色彩混乱、建筑材料标准不一、建筑色彩特色不足、传统民居风格丢失、环保意识不足，新旧建筑色彩不统一、自然与人工尽管色彩不协调，这些问题都是需要在后续的色彩规划中逐一解决的。

二、得出色彩分析基本框架

通过分析沙海村的地域色彩与人工色彩现状，得出了乡村景观色彩分析的基本框架。笔者认为，在乡村色彩研究中能够看出不同的地域、不同的族群都有一套独特的“色谱”，这种特有的色系是该地域居民对居住环境的一种集体反应。这种色彩的共同认知，既来源于共同的气候、地理等自然环境，又受到共同的历史经历、民族与宗教信仰等的影响。

为此，笔者总结了乡村景观色彩，包括气候条件、地质资源、植物景观、人文历史、民族构成、宗教信仰、民俗习惯等在内的地域性分析的基本框架及宏观、中观、微观的人工景观色彩分析框架。宏观层面主要是基于聚落全景图的环境色彩定量采集，绘制聚落环境色谱，总结聚落环境色彩的主体印象色；中观层面主要为街道色彩规划，通过选取具有代表性的街道，进行色彩采集，进行综合色谱总结；微观层面重点是规划建筑色彩和公共设施形成的“特色节点”，包括聚落建筑、典型建筑、会馆宗祠、建筑材质、装饰风格、公共设施等的色彩分析与色彩规划定调。

（一）气候条件上

地处中国鲁西南地区的沙海村四季分明，春季干燥多风、夏季炎热多雨、秋季晴和气爽、冬季寒冷少雪，适宜多种景观植物、农作物的生长，整体视觉呈现更接近于固有色，因此，邻近、中差对比关系的暖色对于沙海村独特的气候特征更为适合。

（二）地质资源上

沙海村地处黄河冲积平原，土壤主要是褐土和潮土，石的颜色以黄色系和无彩色系为主，N 系占优势，大部分呈现低彩度。

（三）植物景观方面

沙海村受到地方自然条件制约，表现出不同的地方色彩特征，有树木 51 个科、106 个属、228 个种，林木覆盖率较高，色彩最为集中的区域为 104 号颜色，DP 调的绿色相，纯度中等，明度较低。

（四）色彩的历史影响方面

由于沙海村长期以来回族文化的影响，回文化、农耕文化、伊斯兰文化、汉族文化的交流融合，形成了独特的色彩接受习惯。既不同于大部分汉族聚居的乡村，又与传统的回族村落有所差异性。

（五）色彩的民族影响方面

笔者综合分析了十几个中国主要民族的色彩喜好和禁忌，并对回族主要喜好的红、绿、蓝、白、黑等颜色进行了历史渊源分析。这些独属于回族的色彩习惯，深刻地烙印在沙海村居民的色彩接受习惯中，体现在该村的少数民族建筑、服装等方面。

（六）宗教信仰对沙海村色彩规划的影响

主要在于色彩规划中坚持对该村村民宗教信仰保持尊重，这种尊重不仅在于色彩，还包括其建筑的形制、纹样等。色彩一直都是传播宗教文化的载体，该村信仰伊斯兰教的回族村民们认为绿色与红色、白色、黑色等是代表其宗教教义的色彩。沙海村建村 400 多年来，虽然村民们宗教信仰有所不同，大部分有不同信仰的村民都能和睦相处，语言、穿着和生活习惯等没有太大差别。

（七）对于色彩的人文调研

色彩的人文调研包括对当地民俗节庆习惯的调研，包括婚、丧、嫁、娶等方面以及部分民族的纪念性、功能性集会活动等。

三、构建得出色彩体系

基于对中国乡村景观色彩的理解，融合国际、国内在城市与乡村色彩规划方面的经验与研究成果，结合研究对象沙海村，本书构建得出适合于鲁西南地区的乡村景观色彩体系。笔者认为，乡村色彩体系的构建重在色彩标准的构建，即为乡村明确什么是适合该村落的景观色彩。这一标准来源于该地域居民独特的历史情感、宗教信仰、民族习惯、自然地理等，能够连接其集体对于色彩的共同记忆，并成为该地域的色彩识别、色彩身份，持续地带给人们愉悦感、新鲜感。

基于对相关色彩理论知识及对乡村景观色彩的分析。笔者认为，对于乡村的色彩优化建议可以从尊重传统、古建筑修旧如旧，强化管理、新建筑协调色彩，改善民生、系统化公共建设，提升品质、多样化植物景观等方面展开，在此基础上，对沙海村景观色谱进行了进一步的确定。对于乡村景观色规划的管理措施，笔者认为需要建立适用于乡村的景观色彩规划措施，包括建筑外观色彩、街道色彩、铺地色彩、公共设施色彩等方面的色彩规范。

沙海村建筑立面色彩由过去的中明度、高彩度转变为低彩度，明度转变为高、中、低三个层次，各层次间缓慢过度；建筑屋顶以红砖瓦屋顶色彩为主，新建民居个别使用红、蓝等亮丽的颜色；街道色彩按照色彩诱目度的规律，制定了高低饱和度、高低对比度的配色方案；路面铺装按照商业街、人行道、居住区、公园、广场、停车场分别进行了色彩规划；公共设施色彩规范包括垃圾桶、公共座椅、公交车站和路灯等，建筑材料主要选择了以石材、木材为主的乡村自然材质，更能融入乡村。

第三节　研究意义及局限性

色彩是视觉符号的一种，将色彩设计与当地特色景观、地域文化等有效结合，不仅是继承和承载当地乡村地域文化特色的重要举措，更是完善和健全中国乡村景观规划体系的重要工作内容。当前中国乡村景观色彩规划研究相对滞后，在色彩规划设计中研究成果缺乏、标准缺乏、文化缺位，对于我国实施乡村振兴与美丽乡村建设较为不利，需要进一步加强对乡村色彩方面的理论方法研究和路径探索。

总结而言，本书的研究意义及局限性有以下几个方面：

一、研究意义

（一）本书通过研究国内外色彩相关研究成果及方法体系，对国内外乡村景观色彩规划进行了创新研究与补充

本书以乡村景观色彩规划为主要研究对象，在城市色彩和色彩量化现有的研究基础之上，探索适应于乡村环境的色彩规划体系、研究路线方法，为以后的村落色彩规划提供参考，从而更好地掌握色彩规划设计的方向。

（二）本书通过实例研究及乡村色彩规划的方法体系探索，形成了可参考、可借鉴的乡村色彩规划框架

本书以沙海村为例，进行了大量的数据提取，对色彩构成的效果进行了科学判定。通过运用NCD色彩体系理论方法，形成了针对该村落完整的色彩分析及规划体系，将为周边地区乡村的整体研究、定位、规划设计和色彩形象改造等项目，提供重要的参考价值。

（三）本书在进行乡村景观色彩规划时，反映了当地村民的色彩意愿

本书在对沙海村进行色彩分析与规划设计时，通过对村民的访谈、问卷调研等，运用NCD色彩分析体系，了解了当地村民对色彩的感受及未来期望，总共发放回收110份真实有效的问卷，实现了对该村色彩现状、主色调意向征集及重点区域色彩调研等，推动理论体系研究与受众群体的反馈调研相结合，充分体现了乡村规划过程中的村民参与。

（四）乡村居民实际情况得到全面了解

本书针对中国悠久的色彩历史及乡村多民族、多宗教信仰的情况，

对中国传统色彩理论、各民族色彩喜好、沙海村回族色彩喜好情况及历史缘由进行了分析。沙海村回族文化与汉族文化的交流融合，形成了独特的色彩接受习惯。在色彩的民族影响方面，笔者分析了十几个中国主要民族的色彩喜好和禁忌。

（五）研究方法的参考价值

本书对色彩规划的研究方法，以及对实际案例的操作与路径分析，整理提出了翔实的过程内容，提出了基于NCD色彩体系的乡村色彩规划路径，在进行其他乡村景观色彩规划时，可以作为参考资料。

二、局限性与后续研究设想

（一）实例样本较少，后续增加实践样本

本书将鲁西南极具特殊性和代表性沙海村乡村色彩规划案例作为重点研究对象，虽然该村落的实践经历有着较为丰富的指导价值，但对于单一案例的研究仍有样本不足的问题。后续，笔者仍将围绕本课题，针对中国其他地区的乡村进行更多样本的实践与方法总结。

（二）调研时长较短，将增加后续调研

本书是个人研究，由于时间限制，在对研究对象的村民意向调研、村庄人文历史与自然条件调研等方面仍存在不详尽的情况，尤其是对该村落回族民族历史的研究，以及对村民、外来居民及当地政府官员等的访谈仍待增加。

（三）国内外比较研究不足，后续可丰富

本书借鉴了国外城市景观规划的相关案例，重点在于对其色彩规划的方案与路径的借鉴，尚未找寻到适合于横向比较的国外乡村景观规划对象，期待以后通过后续研究，对国内外同类型的乡村进行更多层面、更多细节的比较研究。

（四）通过系统研究，构建鲁西南乡村色彩体系

本书旨在开发基于国内外色彩理论体系及城乡色彩规划设计方法的乡村色彩规划路径，以期对我国鲁西南地区的乡村色彩体系建设提供参考。后续，相信通过持续的研究，不断弥补本研究的局限性，将为我国鲁西南地区的乡村色彩体系构建，乃至为全国乡村景观色彩规划提供重要参考。

参考文献

[1] 阿恩海姆 . 色彩论 [M]. 常又明，译 . 昆明：云南人民出版社，1980.

[2] 小林重顺，日本色彩设计研究所 . 配色印象手册 [M]. 北京：人民美术出版社，2012.

[3] 李广元 . 东方色彩研究 [M]. 哈尔滨：黑龙江美术出版社，1994.

[4] 杰瑞・福多 . 心理语义学 [M]. 宋荣，宋琴，周慧君，译 . 北京：商务印书馆，2019.

[5] 袁镜身，等 . 当代中国的乡村建设 [M]. 北京：中国社会科学出版社，1987.

[6] 周沛 . 农村社会发展论 [M]. 南京：南京大学出版社，1998.

[7] 秦志华 . 中国乡村社区组织建设 [M]. 北京：人民出版社，1995.

[8] 周建国 . 自然色配色图典 [M]. 北京：科学出版社，2011.

[9] 王云才 . 乡村景观旅游规划设计的理论与实践 [M]. 北京：科学出版社，2004.

[10] 凯文・林奇 . 城市意象 [M]. 方益萍，何晓军，译 . 北京：华夏出版社，2001.

[11] 钟琪 . 城市湿地公园景观色彩规划设计初探 [D]. 雅安：四川农业大学，2013.

[12] 饶振毓 . 乡村色彩景观规划研究 [D]. 武汉：华中科技大学，2016.

[13] 刘玥含 . 旧城改造中的城市景观色彩提升设计研究 [D]. 西安：西安建筑科技大学，2021.

[14] 张姝．基于地域特色的城市色彩研究 [D]. 武汉：武汉大学，2014.
[15] 王琛颖．浙江省乡村色彩景观规划设计研究 [D]. 杭州：浙江农林大学，2011.
[16] 周蔚．株洲近郊景观色彩规划研究 [D]. 株洲：湖南工业大学，2011.
[17] 朱晓玥．闽南古村落色彩景观特征分析及感知评价 [D]. 福州：福建农林大学，2018.
[18] 罗庚昕．冀南山区传统村落建筑色彩研究 [D]. 邯郸：河北工程大学，2017.
[19] 赵阳．青岛城市景观色彩的历史文化价值研究——以三大历史文化街区为例 [D]. 西安：西安建筑科技大学，2014.
[20] 江梦慧．崂山青山渔村景观色彩规划设计研究 [D]. 济南：山东建筑大学，2022.
[21] 施俊天．乡村景观色彩营造的提炼与置换 [J]. 文艺争鸣，2010（14）：134–136.
[22] 刘静，冯琪倬，孟献德，等．发挥乡村景观色彩优势　展现独特民俗文化魅力——以闽西客家乡村景观设计色彩研究为例 [J]. 吉林农业，2017（14）：93–95.
[23] 王玮．川西平原地区新农村景观色彩意象研究——以绵竹年画村景观色彩意象呈现为例 [J]. 西部人居环境学刊，2014，29（3）：96–100.
[24] 于天文．美丽乡村建设背景下乡村色彩规划与管控探索 [J]. 乡村科技，2022，13（3）：15–17.
[25] 杨明欣．我国农业色彩景观发展现状 [J]. 现代园艺，2019（3）：43–44.
[26] 杨辉，陈思淇．基于地域色彩元素的乡村色彩规划研究 [J]. 北京规划建设，2019（4）：102–105.
[27] 鲁苗．乡村景观感知评价——以山西省运城市裴柏村为例 [J]. 设计艺术研究，2019，9（5）：66–78，88.
[28] 徐杰．美丽乡村建设背景下乡村景观设计规划探究——以扬州乡村景观规划为例 [J]. 长沙民政职业技术学院学报，2018，25（1）：133–135.
[29] 翟美珠，李晶，张圆圆．乡村生态景观现状调查研究 [J]. 南方农机，2020，51（6）：222.

[30] 朱少华 . 乡村景观的特征与价值研究——以陕西省商洛市柞水县营盘镇为例 [J]. 安徽农业科学，2012，40（36）：17678–17679.

[31] 陈莉，李鉡翰 . 当代闽南村落色彩规划研究——以龙海市浮宫镇田头村为例 [J]. 福建建筑，2017（7）：12–14.

[32] 杨瑜，张彦艳 . 乡村自然景观中的色彩研究 [J]. 乡村科技，2021，12（35）：75–77.

[33] 王鑫 . 民间美术色彩在乡村振兴中的应用 [J]. 中国农业资源与区划，2022，43（2）：249–266.

[34] 韩沫，于杨杨 . 皖北地区乡村夜景照明设计研究 [J]. 光源与照明，2022（2）：13–15.

[35] 韩鑫，王红 . 乡村振兴视角下传统村落“色彩形态”的延续与发展——以安顺市本寨村为例 [J]. 经济研究导刊，2019（15）：21–23.

[36] 张冰冰 . 四川乡村地域色彩应用研究的必要性——以邛崃市大同乡多彩小镇为例 [J]. 绿色包装，2019（11）：65–68.

[37] 王占柱 .《就爱住乡村风的家》：基于案例分析的乡村建筑色彩设计 [J]. 建筑学报，2021（2）：124.

[38] 徐敏，王文姣 . 美丽乡村建设中的特色景观小品设计表达 [J]. 现代园艺，2021，44（9）：110–111.

[39] 李霞，余荣卓，杨金林 . 乡村旅游中森林元素的挖掘与开发利用——以南平市乡村旅游为例 [J]. 武夷学院学报，2019，38（10）：42–46.

[40] 李霞，王迎，郭星 . 乡村风貌要素构成及提升路径 [J]. 城乡建设，2020（20）：68–71.

[41] 谢雪甜 . 乡村文化振兴视角下的田园研学基地的环境设计探究 [J]. 南方农业，2021，15（17）：135–138.

[42] 陈国菲，李鹏宇 . 浅论乡土景观元素在乡村景观中的表达与营造 [J]. 现代园艺，2019（15）：166–167.

[43] 卢丛 . 乡村振兴战略背景下乡村景观营造方法探讨 [J]. 江西科学，2019，37（5）：816–820.

[44] 陈晶琪 . 衡阳市郊乡村庭院植物景观设计探析 [J]. 美与时代（城市版），2019（10）：77–78.

[45] 高少洋，马云 . 乡村景观植物群落设计探究 [J]. 山西林业，2021（6）：40–41.

[46] 李翼 . 三明市“三沙”乡村建筑风貌引导方法研究 [J]. 福建建材，2021（12）：51–53，17.

[47] 陈世文，秦志伟，蔡颖，等 . 传统民族文化元素在乡村建筑及景观设计中运用探究 [J]. 当代农机，2022（7）：81–82.

[48] 胡仁茂 . 乡村振兴规划中的乡村建筑风貌设计研究——以宁都县昌宁高速公路沿线乡村风貌设计为例 [J]. 工程建设与设计，2022（14）：12–14.

[49] 任华 . 论色彩在美式乡村风格软装设计中的运用 [J]. 工业设计，2017（3）：128.

[50] 董瑾，丁山 . 乡村景观意象营造之下的田园文化生活回归 [J]. 大众文艺，2018（18）：75–76.

[51] 徐杰 . 美丽乡村建设背景下乡村景观设计规划探究——以扬州乡村景观规划为例 [J]. 长沙民政职业技术学院学报，2018，25（1）：133–135.

[52] 李若飞，韩文俊 . 彝族文化元素在农村景观设计中的应用与研究——以玉溪市彝族文化村景观设计为例 [J]. 农业与技术，2021，41（12）：119–121.

[53] 侯莹港，王天赋 . 基于地域文化的乡村展示空间设计研究——以常熟李市村为例 [J]. 现代园艺，2019（15）：146–147.

[54] 赵金海 . 乡土符号在美丽乡村景观载体中的应用 [J]. 安徽理工大学学报（社会科学版），2019，21（5）：49–53.

[55] 方聪 . 乡村振兴战略背景下古村落改造生态设计策略研究 [J]. 乡村科技，2021，12（35）：124–126.